행복한 건축인의 약속

(The Promise of Happy Architects)

- 좋은 건축을 위한 건축인의 대화 -

행복한 건축인의 약속
(The Promise of Happy Architects)

- 좋은 건축을 위한 건축인의 대화 -

김강섭 · 박성봉

시공문화사

여는 글

건축은 인간의 행위를 담는다. 인간은 행복을 추구하고 좋은 건축을 통해 크나큰 행복을 얻는다. 건축은 우리 생활에 밀착되어 있다. 이러한 건축을 구체적으로 형상화하는 사람은 설계자와 시공자이다. 주로 설계자는 건축가로 부르지만 시공자는 '업자'라 부른다. 그 만큼 무시하는 경향이 짙다. 우리 사회는 집을 짓는 사람, 즉 시공자라는 건축인에 대한 편견이 만연하며 사회적 불신감도 높다. 이 사실이 우리가 아는 불편한 현실이다. 건축인의 한 사람으로서 안타까운 마음이다.

이 책은 집 짓는 시공전문 건축인은 존경 받을 수 없는가? 자신의 분야에 정통하며 투철한 소명의식으로 집을 짓는 건축인은 없을까라는 호기심에서 시작되었다. 좋은 건축으로 건축주를 만족시키는 정직한 건축인은 없는가? 물론 있을 것이다. 많지 않을 뿐이다. 4년 전 정병윤 박사의 소개로 이런 물음에 답할 수 있는 박성봉 사장(이수건설 전 대표)을 만났다. 얼핏 보았을 때 그는 그저 평범한 사업자였다. 그러나 만날수록 결코 이 시대에 찾아 볼 수 없는 평범하지 않은 건축인이었다.

세상에는 수많은 약속이 있다. 누구나 쉽게 약속하고 또 쉽게 약속을 깨기도 한다. 하지만 진실한 약속을 하고 그 약속을 어렵게 지킨 사람이 박성봉 사장이다. 건설업을 시작한 후 20년이라는 세월을 한결같은 건축하기를 통해 자기만의 '특별한 약속'을 지켰다. 내가 볼 때 그것은 참다운 건축인의 약속이었다. 그는 스스로 엄격한 자기와의 약속, 건축주와의 약속 그리고 건축 품질에 대한 약속을 세우고 지켰다. 한결같은 성실과 진심, 정직으로 그 약속을 지켜냈다. 좋은 건축을 위한 고집과 끈기, 자기절제, 실천을 위한 노력들은 내 속에도 잠자고 있던 편견을 무너뜨리고 잔잔한 감동을 주었다.

건축에 대한 경험은 모두가 다르다. 그래서 어떤 것을 정답이라고 단정할 수 없다. 대부분의 건축인은 박성봉 사장의 건축하기에 공감할 수 없을 지도 모른다. 그것은 '그의 방식'이 일반적이지 않기 때문이다. 하지만 좋은 건축하기를 위한 그의 땀과 노력은 많은 건축인에게 의미 있는 울림을 주기에 충분하다.

4년 동안 지켜본 박성봉 사장은 평범하지 않은 평범 속에 비법을 감춘 훌륭한 건축인이었다. 그것은 바로 '자기와의 약속'을 지침으로 아름다운 집을 만든다는 현상을 넘어, 과연 건축인이 자기의 삶을 어떻게 완성해가야 하는지를 보여주고 있다는 점이다. 건축인의 긍지와 자부심, 침착하게 준비하고 시대를 꿰뚫는 안목, 은퇴 이후에도 건축에 대한 열정으로 학구열을 불태우는 영원한 건축인의 모습, 이 모두가 건축에 종사하는 사람들에게 귀감이 될 수 있다.

박성봉 사장의 건축 행위와 약속은 건축을 공부하는 학생, 건축에 종사하는 직장인, 건설업을 준비하는 예비 사업가, 집짓기를 계획하는 건축주 등, '집'을 둘러싼 많은 사람에게 하나의 길잡이가 될 것이다. 나아가 우리의 건축문화와 행태를 뒤돌아보고 건축인의 자세와 역할을 다시 생각해 볼 수 있는 계기가 되길 바란다.

책이 나오기까지 애써 주신 시공문화사 가족에 감사드린다. 언제나 변함없이 지지해 준 아내 지연, 딸 혜민, 혜인에게 고마운 마음을 전한다.

2014. 12.

김강섭

약속과 좋은 건축

약속은 신뢰를 지키는 것이다. 그래서 난 약속을 소중하게 생각한다. 1992년 건설업을 시작하여 2012년 5월을 끝으로 사업을 정리했다. 20년이란 세월은 길고도 짧았다. 힘든 시간이 있었지만 나름대로 보람도 있었다. 내가 한 약속을 지켰으며 작은 꿈이지만 이루고자 했던 것을 이루었다. 나는 '집짓는 일'이라는 필생의 업을 떠나 달콤한 휴식을 맛보고 있다.

나는 건축을 시작하면서 정규 교육을 받은 적이 없다. 그런 내가 20년간 꾸준히 건설업을 해 올 수 있었던 것은 나만의 약속이 있었기 때문이다. 약속은 원칙이자 기준이다. 건축 품질에 대한 고집, 즉 하자 없는 건축으로 건축주를 만족시키겠다는 의지 하나로 20년을 버텼다. 결론적으로 건설업은 성공적이었다. 건설업을 그만둔 최근에도 여전히 나를 찾아주는 건축주가 많다. 그것을 보면 그 동안의 노력과 땀이 헛되지 않았다는 생각이 든다. 감사한 일이다.

건축 품질은 건축인에게 달려 있다. 어떠한 자세와 가치관으로 접근하느냐에 따라 좋은 건축과 나쁜 건축으로 나타난다. 건축과 관계되는 사람, 즉 건축주, 시공자, 설계자, 하도급자, 현장 근로자 등이 건축 품질을 결정한다.

요즘 건설 경기가 좋지 않아 건축인이 힘들어하는 것을 본다. 하지만 경기가 좋지 못해도 수요는 있으며 누군가는 집을 지어야 한다. 언제나 건축 시장에는 수요와 공급의 법칙이 적용되어 누구에게나 기회는 있다. 기회는 준비하고 노력하는 자의 것이다. 치열한 경쟁에서 살아남으려면 자기만의 기술과 원칙, 신념이 필요하다. 자기만의 경쟁력을 갖추어야 하며 그것은 궁극적으로 좋은 건축을 하기 위한 것이어야 한다.

좋은 건축은 하자 없는 건축이며 유지 관리에 부담을 적게 주는 건축이라고 나는 생각한다. 나는 20년간 하자 없는 좋은 건축을 위해 많은 것을 바쳤다. 남을 따라 하지 않았다. 오직 나만의 약속과 원칙으로 좋은 품질의 건축하기로 살아남았다. 정직한 건축으로 건축주를 만족시켰다. 내가 치열한 건축 경쟁에서 실패하지 않을 수 있었던 요인은 약속과 정직, 진심, 성실이다.

이 책은 김강섭 박사의 제안으로 시작되었다. 지속적인 만남을 통해 건축에 대해 많은 이야기를 나누었다. 김 박사는 건전한 생각과 '사람을 위한 집'을 짓는데 대한 순수한 열정을 가진 젊은이이다. 김 박사와 함께 나눈 이야기는 20년간의 건축 행위에 대한 나의 내성(內省)이며, 건축인의 자기 개혁을 부추기는 작은 몸부림이다. 그리고 좋은 건축을 위한 건축인의 마음가짐과 기본자세, 고정관념, 편견에 대한 성찰의 메시지를 담도록 노력했다. 나는 그동안의 감각과 경험에 의존하여 건설회사를 경영하고, 현장을 관리하는 분들에게 조그만 도움이 되기를 간절히 바란다. 그것이 나의 소박한 바램이다.

20년이란 세월이 주마등처럼 스쳐지나간다. 고생한 아내에게 고마운 마음이다. 이 책을 읽은 사람이 행복감을 느끼고 건축인은 좋은 건축으로 사랑받기를 희망한다.

2014. 12.

박성봉

차례

첫 번째, 자기와의 약속

좋은 집을 만드는 건축인의 능력이야말로 좋은 세상을 가꾸는데 빠뜨릴 수 없는 소중한 가치이다.

건 축 은 삶 이 다
건 축 은 열 정 이 다
건 설 업 은 서 비 스 다
치 밀 한 준 비 가 시 작 이 다
자 기 와 의 약 속 을 지 키 다
가 족 과 의 약 속 을 실 천 하 다

첫 번째, 자기와의 약속

약속은 소중한 것이다. 약속은, 약속 이전의 삶에 비해 약속 이후의 삶을 질적으로 변혁시키는 눈부신 마법의 힘을 가진다. 자기와의 약속, 타인과의 약속 등 모든 약속은 자신만이 알고 느끼는 양심으로 지키는 것이다. 선량한 양심은 행동으로 나타나고 그것은 사람 간의 믿음으로 연결된다. 그리고 그 믿음은 언제가 결실을 맺는다.

끝은 새로운 시작이다

김강섭, 이하 "*K_*" 20년이란 세월은 결코 짧은 시간이 아닙니다. 강산이 두 번 바뀌는 시간입니다. 그 동안 하시던 건설업을 2012년 3월을 끝으로 정리하셨습니다. 서운하거나 아쉽지 않습니까?

박성봉, 이하 "*P_*" 홀가분한 마음입니다. 사업을 그만두고 평소 하고 싶은 공부를 하니 행복합니다. 시간도 많고 그 동안 만나지 못했던 사람도 만날 수 있으니 더 바랄 것이 없습니다.

K_50대 중반에 사업을 정리하고 은퇴한 것은 애플의 스티브 잡스(Steve Jobs)나 소프트뱅크의 손정의(孫正義)와 비슷합니다. 그들도 50대에 은퇴하고 후임자에게 사업을 물려주었습니다. 저 같은 직장인은 대부분 50대 후반이나 60대 초반에 퇴직합니다. 앞으로는 100세 시대라 합니다.(웃음) 50대 중반의 은퇴는 이른 것 아닙니까?

P_그렇습니까? 처음부터 계획된 일이었습니다. 20년간만 건설업을 하기로 마음먹었고 그 약속을 지켰습니다. 저와의 약속을 지킨 것입니다. 이제 새로운 인생을 살면 되지 않겠습니까? 지금이 좋습니다.

K_건설업을 그만 둔다고 했을 때 가족이나 주변에선 어떤 반응이었습니까? 반대하는 분은 없었습니까?

P_가족에게는 오래 전부터 주지시킨 사실이었으나 주변에선 이해하지 못하는 분이 많았습니다. 건설업을 계속하라는 지인도 있었습니다.

K_그런 권유로 인해 주저하거나 망설여지지는 않았습니까?

P_전혀 그렇지 않았습니다. 저에게 의뢰하는 건축주에게 좋은 건축인(건축업에 종사하는 사람)을 소개시켜 주었습니다.

K_사업을 그만둔 사실을 모르는 분이 있는 것 같습니다. 요즘도 집을 지어 달라는 요청이 있다는 것입니까?

P_그렇습니다. 사실 사업을 정리하기 전에도 집을 지어 달라는 분이 계속 찾아 오셨습니다. 자기 집만 짓고 난 후 사업을 그만 두라고 하는 분도 있었습니다. 그 분들을 위해서라면 사업 정리를 미뤘을 수도 있었습니다만, 그것은 저와의 약속을 저버리는 일입니다.

K_선뜻 이해되지 않습니다. 집을 지어 달라는 분도 있고 일이 많다면 계속 할 수 있고 2~3년 미룰 수도 있습니다. 욕심이 생길 수 있지 않습니까? 그 약속은 자기만의 약속이고 어긴다 해도 비난할 사람은 없다고 생각합니다.

P_약속은 저를 위한 것이었습니다. 이기적인 사람이라 할 수 있지만 사업에 대한 욕심은 접고 저만을 생각했습니다. 더 나은 미래의 삶을 살기로 마음먹었기 때문입니다.

K_제 주변에도 건설업(건설회사)을 하시는 분들이 많습니다. 좋아하는 선배에게 사장님의 사업 이야기를 했습니다. 사장님을 참 대단한 분이라 하셨습니다. 그 선배가 말하길 건설업 하는 사람은 하던 업(業, 사업)을 접을 수 없다고 합니다. 사업을 하던 사람은 큰돈을 벌었든 그렇지 못했던 간에 사업 정리가 어렵다는 것입니다. 그 동안 쌓아온 것들 부채 문제, 성공과 돈에 대한 욕심, 이해관계 때문에 그만 둘 수 없다는 것입니다. 한편, 1980~90년대에 잘 되던 건설회사가 많이 사라졌습니다. 하지만 사장님은 20년 만에 건설업을 스스로 그만 두셨습니다. 건설업 면허도 정리하시고 모든 것을 내려놓았습니다. 그렇다고 빚쟁이에게 쫓기거나 채무에 허덕이지도 않습니다. 아직까지 정리되지 못한 것이 있어서 골치 아픈 것도 없습니다. 저는 사장님께서 건설업 경영을 성공적으로 하셨다고 평가하고 싶습니다.

P_그렇습니까? 성공이라기보다는 운이 좋았고 남들 보다 조금 더 노력한 결과라고 생각합니다. 하지만 기업 경영에서 운이 좋았다는 말도 적절치 못한 말입니다. 건강하게 마칠 수 있어서 다행스럽게 생각합니다. 건축주를 비롯한 많은 분의 도움으로 오늘의 제가 있는 것입니다. 감사한 마음입니다.

K_현실 속의 '업'은 쉬운 일이 아닙니다. 돈과 조직, 사람을 다루어야 하고 치열한 경쟁을 피할 수 없습니다. 성공에 대한 기약 보다는 실패의 가능성이 더 크지요. 사장님은 평범한 많은 건축 시공자에 비해 세 가지가 특별합니다. 먼저 자기와의 약속을 지켰고 부채도 없으며 주변에서 욕하는 사람도 없습니다. 성공에 대한 기준과 가치는 다르지만 세 가지만 보아도 성공적인 건설업을 하셨다고 생각합니다.

P_저도 감사하게 생각합니다. 누구하고 척(隻)을 져 본 적 없습니다. 모든 성공에는 공짜가 없고 진정한 성공을 손에 넣으려면 땀을 흘려야 합니다.

K_맞습니다. 성공은 노력에 비례합니다. 모든 성공은 공짜로 얻어지지 않습니다. 성공에는 반드시 이유가 있으며 성공만큼의 대가를 치러야 합니다. 사장님의 성공은 기업이 갖추어야 하는 아주 기본적인 원칙들, 즉 제품의 품질과 서비스, 고객 만족이 제대로 적용되어 이루어진 결과입니다.

P_고맙습니다. 이야기 하신 기본적인 원칙들은 건설업에서도 어느 하나 경중을 따질 수 없는 아주 중요한 요소입니다. 좋은 건축의 조건이라 생각합니다.

【품질】

품질의 정의는 시대에 따라 그 의미가 조금씩 변화되었으며, 오늘날에는 다양한 의미를 담고 있다. 품질은 고객만족의 정도를 나타내는 제품이나 서비스의 총체적인 특성을 의미한다.

· A. V. Feigenbaum : 사용되는 제품이 고객의 기대를 어느 정도 충족시켜 주는가를 나타내는 제품의 복합적 특성

· J. M. Juran : 사용상의 적합성

· W. E. Deming : 현재와 미래의 고객 요구조건의 충족도

【서비스】

서비스는 판매를 위해 제공되거나 제품 판매를 수반하여 제공되는 행위나 편익을 말한다. 또한 질적으로 무형성을 지니고

어느 한쪽으로 제공하지만 어느 쪽의 소유로도 귀결되지 않는 행위, 소비자의 욕구를 충족시키는 무형의 활동이다. 현대에 오면서 상대를 위한 봉사를 의미하기도 한다.

【고객만족】

고객만족이란 일반적으로 고객 요구에 대응하는 일련의 기업 활동에 대한 결과로서 상품 및 서비스의 재구매가 이루어지고, 고객의 신뢰가 연속되는 상태를 말한다. 즉 고객이 상품 및 서비스의 구매 전 상황에서 또는 구매 후 상황에서 제공되는 상품 및 서비스의 성과에 대해 느끼는 포괄적인 감정(기쁨, 행복한 마음, 좋은 느낌)을 의미한다.

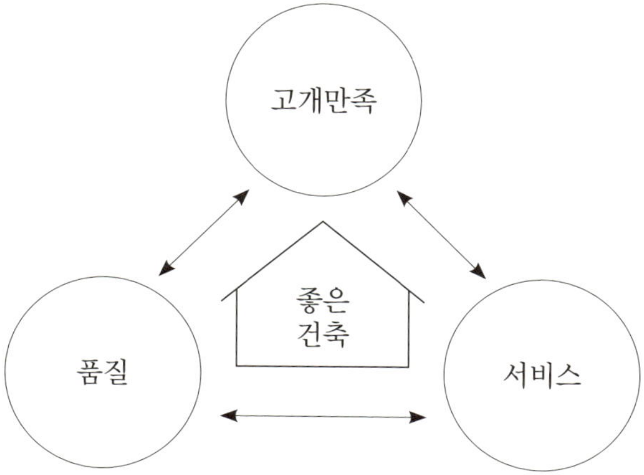

■ 좋은 건축의 3요소 : 품질, 서비스, 고객만족
좋은 건축(집)은 품질과 서비스가 필수적이며 고객만족이 이루어져야 한다.

K_"인생의 가치는 노력뿐이며 인생은 노력과 실천의 연속이다. 최고의 노력이 완성을 창출하며 그 완성의 보수가 환희다."라는 말이 있더군요. 사장님의 삶이 노력과 약속 실천의 연속이었습니다.

P_저를 크게 성공한 사람에 비유할 수 없습니다. 인생에서 성공은 중요합니다. 그러나 그 보다 더 중요한 건 '자기가 좋아 하는 일을 하면서 소신껏' 인생을 사는 것입니다. 저는 좋아하는 일을 꾸준히 한 것뿐입니다.

행복한 미래를 꿈꾸다

K_건설업을 깨끗이 정리하셨습니다. 쉽지 않은 일이지만 그것은 계획된 것입니다. 사업 정리 후 특별한 계획은 있었습니까?

P_몇 가지 계획이 있었습니다. 먼저 쉬고 싶었습니다. 그리고 건축시공에 대해 공부하고 그 중에서도 특히 방수나 단열 문제에 대해 연구하고 싶었습니다.

K_쉬고 싶어 사업을 그만 두셨는데 공부를 하신다니 놀랐습니다. 사장님은 박사학위 과정에 있습니다. 배움에는 나이가 없다는 말도 있지만 늦은 나이에 새로운 지식을 배우는 것이 쉬운 일은 아닙니다. 공부하시기는 어떻습니까? 어려움은 없습니까?

P_어려움은 전혀 없습니다. 한 가지라도 더 배우고자 노력하며 즐겁게 공부하고 있습니다. 결석은 한 번도 해 본 적 없습니다. 학교 수업(강의)에서는 무엇이든지 배울 것이 있습니다. 대학원에는 건축실무에 종사하는 분이 많은데, 그 분들과 함께 건축 현장에서 고

민했던 것을 발표하고 토론하는 수업이 아주 유익합니다. 건설업을 했다는 사실에 긍지와 행복을 느끼며 젊은 친구들과 재미있게 공부하고 있습니다.

K_사장님은 배움의 시간이 즐거우신 것 같습니다. 배움의 자세가 남다르십니다. 세미나 주제로 발표하는 것은 무엇입니까?

P_제가 발표하는 내용은 주로 방수나 단열, 건축 하자에 대한 것입니다. 시공 과정에서 발생되는 방수 문제나 하자의 발생원인, 대책, 해결방안, 시공 시 주의사항입니다.

K_불꽃같은 36세, 청년 시절에 시작하여 20년간 건설업을 하셨는데 더 배울 것이 있습니까? 오히려 습득한 기술과 지혜, 경험을 바탕으로 가르치는 입장에 서셔야 되지 않겠습니까?

P_대단한 것은 없습니다. 학생을 대상으로 강연은 간혹 하지만 아는 것이 많지 않습니다. 저는 건설업을 시작하기 전 낮에는 기계 일을 하면서 밤에는 혼자서 건축을 공부했습니다. 건설업을 시작할 무렵에는 건축에 대해 조금 안다고 생각했습니다. 그것은 오만이었습니다. 건축에 대한 공부는 끝이 없습니다. 건축에 대해 조금 안다고 생각했던 것은 저의 자만이었습니다. 지금은 건축에 대해 9% 정도 알고 있다고 생각합니다. 절대로 10%가 되지 않습니다.

K_건축을 독학하셨습니다. 오래 동안 건축 일을 하셨는데 건축에 대해 9% 정도만 안다고 하시는 것은 너무 겸손한 태도입니다. 9% 정도의 건축 지식으로 어떻게 집을 짓습니까? 무슨 의미입니까?

P_건설업을 시작할 무렵에는 건축에 대해 80~90% 정도 안다고 생각했습니다. 그것은 자만이고 착각이었습니다. 건축의 기술적인 분야는 무궁무진합니다. 시방서에도 없는 것이 많습니다. 레미콘 타설을 예를 들면 오전과 오후에 타설하는 것이 다르고 계절별로 각각 다릅니다. 방수의 종류는 500가지가 넘습니다. 하면 할수록 알아야 할 것과 배울 것이 많다는 의미입니다. 건축의 세계는 무한하며 배움에는 끝이 없습니다.

K_저도 건축은 양파와 같다고 생각합니다. 건축에 대한 지속적인 연구와 학습이 필요하다는 말씀이군요.

P_그 동안 많은 시행착오를 겪었습니다. 현장에서 시도된 수많은 일을 통해 차근차근 배우면서 건축 일을 했습니다. 하나의 공정을 완성해 가는 데는 다양한 방법이 있습니다. 하는 사람과 주어진 여건에 따라 다를 수 있습니다. 그것이 합리적이며 좋은 방법일 수도 있고 그렇지 않을 수도 있습니다. 나중의 결과를 보면 알 수 있습니다. 합리적인 방법을 찾기 위해 노력한 기간이 20년이었다고 생각합니다.

K_그럼, 그 동안의 경험과 기술을 바탕으로 돈도 더 벌고 더 좋은 건축을 계속하면 되지 않습니까? 정말 왜 그만 두셨습니까?

P_솔직히 말해서 할 만큼 했고 최선을 다했다고 생각합니다. 건설업을 그만 두는 것은 저와의 약속이기 때문입니다. 20년이면 충분하며 만족합니다. 이젠 건설업을 하지 않지만 건축에 대한 관심을 가지고 새로운 시각으로 바라보겠습니다. 재료 하나 공정 하나라도 깊이 공부하고 싶습니다. 91%가 부족하기 때문에 건축

공부를 계속하여 부족한 부분을 채우고 싶고, 더 많은 것을 현장에서 직접 몸으로 체험하고 싶습니다. 건축에 대해 알고 싶은 것이 너무나 많습니다. 지속적인 건축 공부가 저의 새로운 일이고 관심 대상입니다. 건축하는 것이 즐겁습니다.

자녀 교육은 자립심 키우기가 중요하다

K_자녀 교육관도 일반적이지 않습니다. 남다르시고 특이한 것으로 알고 있습니다. 큰 아드님은 대학에서 건축을 공부했고 아버지 사업을 이어받고 싶어 했다고 들었습니다.

P_저는 자식이 세 명인데 모두 아들입니다. 큰 아들은 건축을 공부하고 공무원 시험에 합격하여 발령을 받았습니다. 건설업을 하고 싶어 했는데 제가 반대했습니다. 둘째는 2013년 포항에 있는 종소기업에 취직이 되었습니다. 막둥이는 고등학교에 들어갔습니다.

K_동생이 사장님의 사업을 이어받아 건설업을 하고 있습니다. 사업은 어떻습니까?

P_잘 하고 있는 편입니다. 동생은 저에게 건축을 배웠고 몇 년 전부터 건설업을 하고 있습니다.

K_큰 아드님이 사업하는 것을 왜 반대 하셨습니까? 건축을 전공한 아들이 아버지 사업을 이어 받고 싶어 하는 것은 자연스러운 일입니다. 가업은 대를 이어 물려주기도 하는데 오히려 환영해야 할 일이 아닙니까?

P_제가 반대하는 몇 가지 이유가 있습니다. 사실 건설업은 힘듭니다. 큰 아들이 저처럼 일 년 365일 하루도 쉬지 않고 힘들게 사업하는 것을 원하지 않습니다. 힘들지 않는 일은 없겠지만 건설업은 자기의 모든 것을 걸어야 하는 직업입니다. 그렇게 힘든 일을 큰 아들이 한다면 부모가 지켜만 보고 있을 수 없습니다. 건축직 공무원이 된다면 저와 다른 보람 있는 인생을 살 수 있다고 생각합니다.

K_주말에 쉬지 못하는 것은 직업의 성격상 불가피한 것입니다. 건축이라는 직능(職能)상 어쩔 수 없는 일이라고 여겨집니다. 다른 이유는 무엇입니까?

P_큰 아들은 섬세하여 건축 일을 잘 할 수 있습니다. 아들이 사업을 하면 제가 신경 써야 합니다. 부모가 돕지 않을 수 없습니다. 아버지 그늘 아래에서 쉽게 돈을 벌 수 있습니다. 젊은 나이에 사업을 잘만 하면 큰돈을 버는 것도 가능합니다. 하지만 젊었을 때 많은 돈을 벌게 되어 나태해지거나 자기 관리를 잘못하면 차후에 실패할 수 있습니다. 잘못된 인생을 살지도 모릅니다. 주변에서도 유사한 사례를 쉽게 찾아 볼 수 있습니다. 그것을 경계하기 위한 것입니다. 아들이 자기 힘으로 삶의 길을 찾아가기 바랍니다.

K_부모에게 의지하는 젊은이가 많고 자식이 고생하는 것을 보지 못하는 부모도 많습니다. 젊은이는 힘들고 거친 일을 싫어합니다. 작가 박범신은 "요즘의 일부 청년들은 예전과 달리 너무나 안전한 인도를 따라 걷는다."고 했습니다. 자녀 교육에서 자립성과 독립성을 중요하게 생각하시는 것입니까?

P_저는 누구든지 인생의 밑바닥에서 거친 일부터 차근차근 배우면서 시작해야 한다고 생각합니다. 우리 사회에는 아직도 기회가 많습니다. 쉽게 번 돈은 쉽게 잃어버릴 수 있습니다. 돈은 어렵게 벌어야 하고 고생에 대한 가치와 노동의 소중함을 알아야 합니다. 제 자식들도 그렇게 성장해야 제대로 된 인생을 살아갈 수 있습니다.

K_좋은 말씀입니다. 스위스 제네바대 의대 명예교수이자 정신건강의학과 의사인 앙드레 헤이널도 사장님과 비슷한 이야기를 했습니다. "역경이나 부족, 박탈의 경험 등이 있어야 창조력이 길러질 수 있다."고 합니다. 저도 자녀에 대한 부모의 과잉보호는 반대합니다. 우리나라의 청년실업률이 7%를 넘었고 대학을 졸업해도 좋은 일자리 갖기가 하늘의 별따기처럼 어렵습니다. 취업 재수를 하거나 부모에게 기댈 수밖에 없는 상황에 처하기도 합니다.

P_젊은이가 취업하기 어려운 현실인 것은 맞습니다. 하지만 큰 욕심을 버리고 주체적인 생각을 가져야 합니다. 장래를 생각해서 자기에게 맞는 일자리를 찾는 것이 중요합니다.

아이들에게 '결핍'을 겪게 해야 하는 이유

중국 베이징대와 톈진 정신의학연구소에서 발표한 최근 연구 결과에 따르면 생후 28~55일(쥐에게는 청소년기)의 쥐를 대상으로 '예측할 수 있는 가벼운 스트레스'를 반복적으로 주었더니 다 자랐을 때 우울증에 잘 걸리지 않도록 돕는, 이른바 '회복 탄성력'이 증가하는 것으로 드러났다. 또 이 쥐들은 성인기에 예측할 수 없는 만성 스트레스가 주어졌을 때에도 잘 견뎠다고 한다. 이는 고위 인지 기능을 담당하는 전전두엽 뇌세포들의 변화와 관계가 있었다.

근육에 무리를 가하면 인대가 늘어나거나 파열하지만 근육을 전혀 사용하지 않을 경우에는 근위축이 일어난다. 근육량을 늘리는 적절한 무게의 아령 운동처럼 적절한 스트레스는 도리어 정신근육 기능을 향상시킨다. 이러한 적절한 스트레스를 한스 셀리에 박사는 '유스트레스(eustress)'라며 '디스트레스(distress·과도한 스트레스)'와 구분하였다. 적절한 스트레스는 청소년기의 정신적 성장에도 중요하다는 것을 말해준다.

스위스 내과 의사인 폴 투르니에는 "역경이 없으면 이를 극복하는 창조력, 문제 해결 능력은 배양될 수가 없다. 하지만 조건이 있다. 역경에 처한 아이가 이를 극복하려고 애쓰는 과정에서 누군가가 '사랑'으로 그를 도와주어야 한다."고 말했다.

〈동아일보〉, 2013.7.23

K_아이들에게는 작은 일이라도 스스로 해보는 것이 중요하다고 생각합니다. 아이들 키우기가 정말 쉽지 않습니다. 좋은 부모가 되는 것은 더 어려운 것 같습니다. 사장님께서 생각하시는 부모의 역할은 무엇입니까?

P_부모의 역할은 자식이 자유롭고 독립적인 존재로 성장하도록 도와주는 일이며, 인생에서 기준으로 삼아야 할 소중한 가치를 가르쳐 주는 것입니다. 아이들이 스스로 문제를 해결하면서 자신만의 능력을 키울 수 있도록 도와야 합니다. 제가 큰 아들이 건설업하는 것에 반대하는 또 다른 이유가 있습니다. 큰 아들이 좋은 건

축을 하기 바라기 때문입니다. 아들이 건축직 공무원이 되어 전문성을 강화하고 행정과 감독업무를 제대로 하여, 우리의 건축 문화를 조금이라도 바꿔 보라는 것입니다. 과거의 좋지 못한 관행을 답습하지 말고 바른 사고로 좋은 건축을 하길 원합니다.

K_사실 저도 건축을 공부한 사람으로서 사업에 대한 뜻이 있습니다. 언젠가는 한번 해 보고 싶습니다.

P_(웃음) 지금은 반대합니다. 좋은 직장에 다니는 분이 무슨 걱정이 있습니까? 공부하고 준비해서 퇴직 후에 사업을 시작해도 늦지 않습니다.

K_그럴까요? 더 나이 들기 전에 도전해 보고 싶습니다.(웃음)

P_그렇다면 준비하십시오. 계획을 세우고 준비하는 자세가 중요하며 사업을 할 수 있는 능력을 키워야 합니다.

• 건축은 열정이다

좋은 건축주와 건축하기

*K*_좋은 건축은 좋은 건축주와 함께 해야 가능합니다. 그 동안 건설업을 하시면서 많은 분들을 만났습니다. 어떤 분이 가장 기억에 남습니까? 특별한 분이 있습니까?

*P*_네, 있습니다. 함안군 상공회의소 남기양 회장님 같은 분은 평생 잊지 못합니다. 남 회장님의 집을 함께 지을 때 힘들었지만 행복했었고 많은 것을 배웠습니다. 남 회장님 회사의 공장과 기숙사는 대부분 제가 지었습니다.

남기양 회장과의 인연

남 회장님은 1995년경 친구의 소개로 만났습니다. 친구가 남 회장님 회사의 간부였습니다. 남 회장님 회사의 공장을 지어면서 긴밀한 인연이 시작되었습니다. 남 회장님은 저에게 주택을 지어 달라고 하셨습니다. 하지만 저는 이미 다른 사람의 건물을 짓기로 계약되어 있었습니다. 남 회장님은 저에게 꼭 지어 달라고 부탁하셨습니다.

한편으로 감사한 일이지만 난처한 상황이었습니다. 이미 계약된 공사의 건축주에게 양해를 구했습니다. 정말 죄송한 일이었습니다. 큰 공장 공사를 포기하고 작은 주택을 짓는다니 건축주도 굉장히 의아해 하셨습니다. 집짓기가 시작되었습니다. 저는 관리만 하고 돈은 한 푼도 받지 않겠다고 남 회장님께 이야기했습니다. 남 회장님이 외주업체와 계약하고 직접 모든 것을 시행했습니다. 저는 기술적인 부분만 도움을 주기로 하고 관리자로서 집만 지었습니다.

약 1년간 매일 새벽에 일어나 산청으로 출근했습니다. 남 회장님과 함께 잘 지은 집을 보러 다니고 주택 전시회도 다니며 철저히 준비했습니다. 집을 짓는 과정에서 발생되는 모든 문제를 건축주, 설계자(강준규 건축사)와 직접 상의하고 결정했습니다. 많이 고민하고 공부하는 과정이었습니다. 남 회장님도 열성적으로 지원하고 함께 연구했습니다. 특이한 것은 부지가 900평정도 되는데 집짓기 3년 전부터 미리 정원에 나무를 심고 조경을 먼저 시작했습니다. 그것도 조경업자가 제시한 금액의 1/8에 해당하는 저렴한 돈으로 조경공사를 마쳤습니다. 그 사이에 집을 어떻게 지을 것인가 고민했습니다. 집을 짓고 나니 조경과 아주 잘 어우러졌습니다. 오랜 시간과 정성을 들여 남 회장님과 함께 집을 지었습니다.

집을 짓고 난 후 남 회장님께서 통장으로 그 동안의 수고비를 보내 왔습니다. 저는 받지 않겠다고 한 것이니 받을 수 없다고 하였습니다. 결국 기름 값 정도만 받았습니다. 산청의 집을 지은 것이 계기가 되어 남 회장님 회사의 공장, 기숙사는 대부분 제가 지었습니다. 시공자가 건축주와의 신뢰를 바탕으로 공감을 넓혀 하나의 목표를 이루었습니다. 더욱 기쁜 것은 신뢰와 믿음을 얻은 것입니다.

좋은 건축을 했다고 자신합니다. 한 번의 인연으로 몇 채의 집을 같이 지었습니다. 요즘에는 여행도 함께 다니며 인연을 함께 하고 있습니다. 남 회장님은 함안에 많은 기업을 유치하셨고 상공인의 발전을 위해 노력하시는 분입니다. 제가 존경하는 훌륭한 기업인입니다.

■ 남기양 회장 주택(경남 산청, 2003년)

자연 속에 안긴 집이다. 건축주와 시공자, 설계자의 지혜로운 소통으로 주변 환경에 완벽히 조화되는 건축이 이루어졌다. 오래 전부터 그 장소에 존재했던 집처럼 느껴진다.

K_남 회장님은 저도 만나 보았지만 사장님에 대한 신뢰와 믿음, 칭찬이 대단하십니다. 좋은 건축주와 좋은 시공자의 모습이라 생각합니다. 그 신뢰가 바탕이 되어 많은 집을 지으셨군요.

P_감사하게도 그렇게 되었습니다. 건축주와 신뢰가 생기면 건축하기가 정말 쉽습니다. 좋은 건축을 할 수 있습니다.

K_유명 건축가나 화가의 경우는 후원자(Patron)가 있습니다. 후원자는 주로 기업하는 사람입니다.

P_후원자요? 저를 신뢰하고 믿어준 분은 모두 후원자라고 생각합니다. 그런데 저는 전혀 유명하지 않습니다.(웃음)

K_안토니오 가우디(Antoni Gaudi Cornet)의 고객, 구엘(Guell) 처럼 좋은 건축주를 만나신 것 같습니다. 그 외에 기억에 남는 분이 있습니까?

P_많이 있습니다. 일일이 말할 수 없지만 모두 배울 점이 많은 분들이었습니다. "오늘날 제가 이 자리까지 올 수 있었던 것은 오직 건축주의 도움이 있었기에 가능했다. 또한 건축주의 집을 짓는 것은 실습하고 연구 할 수 있는 좋은 기회였다."저는 항상 이렇게 생각했습니다. 아낌없이 도와주시는 많은 분들이 계셨기 때문에 무사히 사업을 마칠 수 있었습니다. 인생의 스승이라고도 할 수 있습니다. 현제에도 저에게 건물을 지어달라고 요청하는 분이 많습니다.

커피숍에서

건물(집)을 지어달라는 요청은 사실입니다. 저와 인터뷰하고 있는 중에 걸려온 전화가 집을 지어달라는 부탁이었습니다. 경남 마산에 사시는 분인데 그 분의 집을 몇 년 전에 지었다고 합니다. 그런데 이번 전화는 그 분의 지인이 집을 짓는데, 그것을 박 사장님께 지어 달라고 부탁하는 전화였습니다. 타인이 나서서 남의 집짓기를 부탁하는 것입니다. 본인이나 가족의 집이라면 이해가 가지만 남의 집을 짓는데 그것을 부탁하고 추천하는 것이었습니다. 박 사장님에 대한 신뢰와 믿음이 얼마나 대단하면 이렇게까지 부탁을 할까요? 흔히 있을 수 있는 일인지 반문하고 싶습니다. 고정 고객은 언제든지 새로운 수주를 연결시켜 주는 매개체입니다. 전화를 받는 박 사장님도 무척 고맙고 감사한 표정이었습니다.

K_(잠시 통화) 여전히 집을 저어 달라는 요청이군요. 정말 대단하십니다.

P_참으로 고마운 분입니다. 곧 만나서 논의하기로 했습니다.

지속적인 건축 공부에 대한 열정

K_사장님은 대학원에 재학 중인 만학도입니다. 배움에 대한 열정이 강합니다. 앞으로 어떤 공부를 하고 싶습니까?

P_먼저 건축시공, 시공방법에 대한 공부입니다. 공부의 끝은 없겠지만 70세까지 공부하고 싶습니다. 그 이후에는 건축시공, 건축공법, 하자 문제와 개선 방안에 대한 책을 쓰고자 합니다. 특히

방수, 단열 부분에 대해 깊이 연구하고 싶습니다. 제가 하고 싶은 것은 그 동안에 도움 받았던 지인이나 건축주에게 건축에 관한 도움을 주는 것입니다. 즐겁게 할 수 있는 일입니다.

K_건축시공 방법에 대한 책을 쓰고 싶다고 하셨습니다. 의미 있는 일이라 생각합니다. 건축설계 및 디자인, 건축사 등에 대한 책은 많습니다. 그에 비해 건축시공에 대한 책은 적습니다. 특히 시공자의 구체적인 시공 경험과 방법(기법), 노하우에 대한 책은 많지 않습니다. 건축가, 설계자, 교수, 기자가 쓴 책은 많지만 현장 전문가인 건축 시공자가 쓴 책은 적습니다. 제가 이 책을 기획한 것도 그와 같은 이유입니다. 그 동안의 경험을 바탕으로 구체적이며 실용적인 건축시공 관련 책을 쓰시면 좋겠습니다. 시공 지침이 되고 좋은 건축의 길라잡이가 될 수 있는 책이면 그 수요는 충분할 것입니다.

P_저는 건축 하자에 대한 많은 자료를 가지고 있습니다. 항상 카메라를 가지고 다니며 하자 사진을 찍어 둡니다. 하자에 대한 것은 작은 것도 무심코 지나치지 않습니다. 집을 나서면 모든 것이 건축이며 공부할 대상입니다. 제가 사는 아파트 하자에 대한 것도 있습니다. 그 동안 수집된 자료를 바탕으로 하자의 원인과 진단, 해결방법에 대한 것을 체계적으로 정리하여 그것을 책으로 쓰고 싶습니다.

K_사장님이 생각하시는 책이면 집을 짓는 분들께 많은 도움이 될 것 같습니다. 시공방법과 절차, 주의사항, 해결방법에 대해 사장님만의 노하우를 제시하고, 자세한 설명과 구체적인 그림, 사진

으로 구성된 책을 만드시죠? 몸소 체험하고 현장에서 해 오신 생생한 기술적 아이디어가 담긴 책이면 더욱 좋겠습니다.

P_제가 생각하는 책이며 그것이 저의 작은 소망입니다. 좋은 건축을 할 수 있는 방법론에 대한 것을 쓰고 싶습니다. '방법론'이라 하면 거창하게 들릴지 모르지만 시공 방법, 절차, 고려사항, 개선사항, 작업자의 자세, 재료 등을 체계적으로 정리한 것을 말합니다. 많은 양의 자료를 어떻게 정리해야 할지 모르겠습니다. 하지만 지금부터 아니 언젠가는 제가 해야 할 일이라 생각합니다. 건축하는 사람이나 시공에 대해 궁금해 하는 이들에게 도움을 주고 싶습니다. 책을 쓰는 일을 통해 20년간의 건축 행위와 건설업 그 이후의 연구를 정리하고 싶습니다.

K_하자는 좋은 건축을 방해하는 요소입니다. 건축 하자나 부실은 건축하는 사람과 사용자를 힘들게 합니다. 불편함과 경제적 손실을 발생시킵니다. 왜 좀처럼 개선되지 않고 바르지 못한 방법을 되풀이 하는지 의문스럽습니다. 사장님의 시도와 노력이 새로운 전환의 계기가 되기를 바랍니다.

P_제가 바라는 것입니다. 하자와 부실 없는 건축이 올바른 건축문화와 시공자를 위한 길이기도 합니다.

건축 하자란?

건축 하자는 완성된 건축물이 갖추어야 할 품질, 성능, 사용상의 요소가 불완전하여 사용교환가치를 감소시키는 결함을 의미한다. 하자 원인이 설계, 시공, 재료에 관계없이 결함이 건축물의 안전상, 기능상, 미관상 영향을 미친다면 하자이다.

하자는 어떤 원인에 의해 발생된 결과로서 그 원인은 인위적인 원인(고의)과 자연적인 원인(과실)으로 구분된다. 인위적인 원인에 의해 발생된 하자란 건축 관련 기준규정절차를 고의적으로 위반하여 발생한 것이다. 자연적 원인에 의해 발생된 하자란 건축 관련 기준규정절차를 지켰으나, 과실로 인해 발생된 것이다. 하자의 범위는 크게 구조적 결함, 비구조적 결함과 클레임(Claim)으로 구분되며 법적이나 기술적인 시각에서 하자라는 것은 구조적 결함 및 비구조적 결함이다.

* 하자 : 균열, 처짐, 비틀림, 들뜸, 침하, 파손, 붕괴, 누수, 누출, 작동 또는 기능 불량, 부착, 접지 또는 결선 불량, 고사 및 입사 불량

K_건축 하자만 줄여도 건축인에 대한 대우가 달라질 것입니다. 지인들에게 건축에 대한 도움을 주신다고 하셨는데 무슨 말씀입니까?

P_건축 문제에 대해 상담하고 그것에 대한 해결방안을 찾아주는 것입니다. 20년간 건축 일을 하면서 배우고 경험한 것을 지인들에게 돌려주고자 합니다. 일종의 봉사활동입니다. 물론 수고비는 전혀 받지 않고 무료입니다.

K_봉사 활동이 시작된 것이군요. 그래서 요사이 그렇게 바쁘십니까? 그 동안의 보상을 무료로 되돌려 주는 일이라 생각합니다. 좋은 생각입니다.

P_건축은 사람의 생활과 밀접하게 연관된 것입니다. 저는 언제 어디서나 건축을 생각합니다. 건축의 좋은 점과 나쁜 점을 느낍니다.

제가 직접 건설업을 하지 않지만 지인들에게 도움을 주고 싶습니다. 사업을 하지 않아도 바쁩니다. 가야할 곳도 많고 하고 싶은 일도 많습니다.

K_사업을 그만 두셨는데 이젠 쉬셔야 하는 것 아닙니까? 주로 어떤 일이 많습니까?

P_우선 대학원 박사과정은 마쳤으니 학위논문을 써야 합니다. 실험도 준비하고 있습니다. 지인들 집 짓는 일도 도와야 합니다. 주변 사람과 건축 문제에 대해 상담하고 토론하는 일도 연속되는 하루 일과 중 하나입니다. 조금이라도 시간적 여유가 생기면 방수, 단열, 재료를 비롯한 건축의 제반 사항에 대해 연구하고 있습니다.

K_사장님은 삶에 대한 열정과 배움에 대한 의지가 대단하십니다. 건축 공부는 어떤 내용입니까?

P_저의 관심사인 건축하자, 단열, 방수에 대한 공부입니다. 앞으로 실험실을 만들어 관심 분야에 대한 연구를 계속할 생각입니다.

건설업은 서비스이다

하고 싶다는 마음 하나로 시작하다

K_건설업은 시간과 비용을 들여 건축물이라는 실체를 만드는 일입니다. 조금 뒤늦은 질문이지만 건설업을 시작하게 된 동기는 무엇이며, 특별한 이유나 계기가 있었습니까?

P_사실 건설업하기 전에 몇 가지 일을 해 보았습니다. 1985년부터 농기계 수리점을 했었고 그 전에는 당시 한창 인기를 끌던 청량음료(오란씨, 환타, 사이다와 같은 음료수)를 납품하는 일을 했습니다. 각종 농기계도 고치고 오토바이도 팔았습니다. 수리점은 경남에서 매출 2위를 할 정도로 잘 되었지만 건설업을 하고 싶다는 생각이 많았습니다. 하고 싶다는 마음 하나 때문에 잘나가던 농기계 수리점을 그만두고 건설업을 시작하게 되었습니다.

K_잘 되는 사업을 과감히 접었습니다. 그렇게 단순한 이유, 단지 '하고 싶다는 마음 하나'로 시작하셨단 말입니까?

P_네, 그렇습니다. 1972년 서울 남산에 우연히 가게 되었습니다. 그 때의 기억이 생생합니다. 서울 시내를 내려다보니 몇 개의 큰 건

축물이 눈에 띄었고 집들 밖에 보이지 않았습니다. 건축이 대단해 보이기도 하고 나중에 나도 좋은 건축물을 지어 봐야지 하는 막연한 생각이 들었습니다.

K_그럼, 오래 전부터 건축에 대한 마음이 있었다고 볼 수 있군요. 그래도 잘 되는 사업을 그만두고 해보지도 않은 새로운 일을 한다면 주변의 반대가 심했을 것 같습니다. 반대하는 사람은 없었습니까?

P_있었습니다. 아버지께서 심하게 반대했습니다. 잘 되는 사업을 그만두고 새로운 사업을 하겠다니 싫어하는 것이 당연합니다. 그래서 사업 자금은 아버지께 손 벌리지 않겠다고 했습니다. 누구의 도움을 받지 않겠으니 건설업을 하게 해 달라고 간곡히 부탁드렸습니다. 자금은 준비되어 있었기에 혼자 힘으로 할 수 있다고 생각했습니다.

K_집안사람들의 반응은 어땠습니까? 아내와 형제들의 반대는 없었습니까?

P_저는 집안의 장남입니다. 형제들은 저를 믿었고 반대하지 않았습니다. 아내도 이해해 주었습니다.

K_아내와 형제들의 지지와 신뢰가 있었군요. 하지만 배우지도 않은 일을 시작한다는 것은 쉽지 않습니다. 용기와 자신감이 있었습니까?

P_정규적인 학교에서 배운 것은 아니지만 자신 있었습니다. 왜냐하면 집 짓는 일, 건축은 아주 간단한 논리였습니다. 남들이 대충대충하는 것이 눈에 보였습니다. 그러니 당연히 하자나 부실이

발생되는 것입니다. "하자나 부실만 없도록 한다면 건설업도 잘 할 수 있겠다. 남들처럼 하지 않으면 되겠다."고 생각했습니다.

K_한마디로 무엇을 어떻게 해야 하는지 깨달으신 것 같습니다. 남들과의 '차별화(Differentiation)'를 생각하셨습니다. 건축하는 사람들의 잘못된 행태(行態)를 개선하면 그들보다 잘 할 수 있다고 판단하셨군요.

P_그렇습니다. 기존의 건축 기술자가 잘못하는 것을 알 수 있었습니다. 시방서대로 하지 않았고 잘못된 시공을 했습니다. 주먹구구식이었습니다. 기술자가 몰라서 잘못하는 부분도 있었습니다. 그렇지만 대충하는 것이 다반사였습니다. 시공을 제대로 못하는 것은 공사비를 제대로 받지 못하는 것도 하나의 요인이었습니다. "공사비를 제대로 받고 제대로 된 건축을 해야겠다."고 다짐했습니다.

K_적정한 공사비를 받고 건축의 기본과 원칙에 충실하면, 하자나 부실을 방지할 수 있다는 단순한 메커니즘으로 이해하셨군요. 기존의 잘못된 점만 고쳐도 그 만큼 좋은 건축물이 될 수 있기 때문입니다. 중요한 핵심을 이해하셨습니다. 즉 경영자가 사업의 본질을 이해한다는 것은 사업의 성패를 좌우하는데, 사장님은 건설업의 본질을 파악하셨습니다. 건축 하자가 눈에 보이고 잘못된 부실에 대해 고민하셨다면 건축에 대한 관심이 많았던 것 같습니다. 건축 공부를 어떻게 하셨습니까?

P_부족한 것은 건축 책을 보며 공부했습니다. 건설업을 생각하면서 궁금한 것은 지인들께 물어보았고, 책을 통해 그 내용을 확인

하여 내 것으로 만들었습니다. 20대 시절에는 일용직 노무자 일도 해 보았습니다. 건설 현장에서 등짐도 졌습니다. 이때부터 어렴풋이 "건설업을 해 보고 싶다."는 마음이 싹텄다고 생각합니다. 막연히 언젠가는 건축을 해야겠다는 생각을 가졌던 것 같습니다.

K_사장님은 과감한 선택을 하셨군요. 오래전부터 건축에 대한 욕망이 있었다고 볼 수 있습니다. 남자라면 누구나 한 번 쯤은 건축현장 노동을 경험해 봅니다. 저도 대학생 때 보름 정도 아르바이트로 해 보았습니다. 건축이 전공도 아니고 배운 것도 아닌데 어떻게 건설업 하실 생각을 하셨습니까? 어렵지 않았습니까?

P_새로운 일을 해 보고 싶었으며 그것이 건축이었습니다. 쉽지는 않았지만 열심히 했습니다. 남보다 2~3배 더 노력했습니다. 저는 해 보고 싶은 것을 하면서 살았으며 해 보고 싶은 것을 할 때는 남의 눈치 보지 않았습니다. 다양한 것을 경험했습니다. 부산의 구포시장에서 옷 파는 것도 해 보았습니다. 옷 파는 일은 저의 성격을 바꾸기 위한 시도였습니다.

언제나 새로운 일에 도전하다

K_건축과 무관한 시장에서 옷을 파는 특이한 경험을 하셨다고요. 어떤 성격이었습니까?

P_무척 내성적이고 부끄럼을 많이 타는 성격이었습니다. 친구 삼촌에게 옷을 받아 하루 종일 시장을 돌아다니며 팔았습니다. 처음에는 말이 나오지 않았습니다. 오전 내내 하나도 팔지 못했습니

다. 주문해 온 옷을 팔지 않으면 일당도 벌지 못합니다.

K_요령도 모르고 경험도 없는 일을 어떻게 시도할 생각을 하셨습니까? 처음 하시는 장사였는데 고생만 하시고 아까운 시간만 낭비하셨군요.

P_그래서 점심을 먹으면서 마음을 고쳐먹었습니다. 오후부터는 용기를 내어 크게 소리를 지르고 팔았습니다. 몇 벌 남았던 것은 인근의 구포역에서 오후 10시 30분이 되어서야 모두 팔 수 있었습니다. 하나도 팔지 못할 것이라는 친구 삼촌의 예상이 완전히 빗나간 것입니다. 그 이후 자신감이 생겼고 적극적인 성격으로 바뀌었습니다. 그 날 하루 많은 것을 느꼈고 시간 날 때 한 번씩 시장에 나가 옷을 팔았습니다. 장사의 속성과 기술도 조금씩 알게 되었습니다.

K_시장에서 옷을 파셨다고요. 어떻게 그런 생각을 하셨습니까? 장사나 사업에 대한 관심이 있었나 봅니다.

P_그런 것 같습니다. 그 이후에도 사업만 쭉 했으니까요. 직장을 구하기보다는 경험해 보고 싶은 것을 찾아 그것을 해 보았습니다. 호기심이 많았다고 할 수 있습니다. 저는 해보고 싶은 것은 해야만 하는 성격입니다. 부산에 있는 경일공업사에서 일해 보기도 했습니다.

K_사장님은 몸으로 하는 일을 좋아하는 분 같습니다. 경일공업사는 무엇을 하는 곳입니까? 어떤 일을 하셨습니까?

P_그 때는 오직 그 일이 하고 싶었습니다. 경일공업사는 강구조물

을 제작하는 곳입니다. 철골제작, 제련에 관한 일을 했으며 즐겁게 열심히 했습니다. 그 당시 경일공업사에서는 경험이 없는 사람을 채용하지 않는 것이 관례였습니다. 저는 경험이 없었고 당연히 거절당했습니다.(웃음)

K_많이 서운했을 것 같습니다. 그러면 다른 회사를 찾아 보셔야 했겠군요. 비슷한 회사는 많았을 것으로 생각합니다.

P_저는 물러서지 않았습니다. 거절당한 후 5~6일 동안 그 회사 앞의 도로나 주변을 빗자루를 사서 쓸었습니다. 그 곳에서 일하고 싶다는 간절한 마음이 있었습니다. 경일공업사 사장님이 그런 저의 모습을 보시고 일할 기회를 주셨습니다. 드디어 기회를 잡은 것입니다. 저는 일에 대한 경험이 없으니 월급은 주지 않아도 좋다고 했습니다. 사장님께 해보고 싶은 업무는 모두 할 수 있도록 해달라고 요청했습니다.

K_사장님의 행태가 이해되지 않습니다. 고지식하고 한결같군요. 사장님은 참 특이한 분이고 하고 싶은 것은 참지 못하는 성격인 것 같습니다. 하고 싶은 것을 추구하는 '플러스형 인간'이라 할 수 있습니다. 일하고 싶다고 시위를 하셨는데 그 마음이 받아 들여졌습니다. 비슷한 회사도 있지 않습니까?

P_경일공업사는 그 지역에서 일 잘하는 강구조물 회사였습니다. 일 잘하는 곳에서 철골 관련 일을 꼭 해보고 싶은 마음뿐이었습니다. 별다른 이유는 없으며 일 잘하는 회사에서 배우고 싶었습니다. 제가 일하고 싶은 회사 이 외에는 갈 생각도 하지 않았습니다.

부산의 경일공업사에서 기계일은 배우다

우여 곡절 끝에 제가 일하고 싶은 경일공업사에서 일하게 되었습니다. 처음에는 동료들이 이상한 눈으로 바라봤습니다. 경험도 없는데 사장님의 백으로 들어왔다고 달갑게 생각하지 않는 사람도 있었습니다. 하지만 저는 괘념치 않았습니다.

열심히 일했습니다. 하고 싶은 일을 하니 그렇게 즐거울 수가 없었습니다. 한 공정을 배우고 나면 다른 공정으로 옮겨 일 했습니다. 일을 하면서 개선된 방법을 제시하여 좋은 반응도 얻었습니다. 그 이후에는 직원들이 함께 일하자고 요청했습니다. 사장님도 좋은 조건을 제시하며 계속 같이 일하자고 하셨습니다. 미안한 일이지만 저는 다른 계획이 있었습니다. 배우고 싶은 것은 최선을 다해 배우고 그만둘 생각이었습니다. 사장님의 제의를 뿌리치고 그만 두었습니다. 생각지도 못했는데 사장님은 그 동안의 월급을 모아 두었다 챙겨 주셨습니다. 정말 고마운 분입니다.

K_대단한 의지와 고집이라 생각합니다. 자신이 하고 싶은 일을 하는 것은 최고의 행운입니다. 자신의 에너지가 움직이는 방향으로 빠져들었던 것 같습니다. 즐거운 일을 할 때는 스트레스가 쌓이지 않고 오히려 발산됩니다.

P_저는 하고 싶은 것은 꼭 해야만 하는 성격입니다. 경일공업사에서 배우고 싶은 만큼 배우고 제 의지에 따라 그만두었습니다. 기계분야에 대해 많은 것을 배우고 경험했습니다.

K_"하고 싶은 일에는 방법이 보이고, 하기 싫은 일에는 핑계가 보인다."는 말이 있습니다. 경험이 없어도 일에 대한 열정이나 마음가짐이 중요하다는 뜻이죠? 그럼 그 이후에 음료수 납품 일을 하셨고 농기계 수리점을 하셨습니까?

P_네, 맞습니다. 모든 것은 마음가짐에 달려 있습니다. 에너지가 생기는 일, 하고 싶은 일을 해야 합니다.

서비스로 고정 고객을 확보하라

K_음료수 납품 사업도 잘 되었다고 들었습니다. 경일공업사에서 배운 것이 농기계 수리점을 하는데 도움이 되었군요. 농기계 수리점을 하면서 배운 것은 무엇입니까? 돈도 많이 버셨습니까?

P_물론입니다. 많은 도움이 되었고 그 때 배운 기술과 경험이 사업 밑천이 되었습니다. 농기계 수리점을 하면서 사업은 '영업 하는 장소'가 절대적인 성공 조건이 아니라는 사실입니다. 그것을 깨달았고 고객이 다시 찾아오게 하는 방법도 알았습니다.

K_사업장의 지리적 위치가 무엇보다 중요합니다. 입지가 중요하지 않습니까? 무슨 말씀입니까? 구체적으로 말씀해 주십시오.

P_제가 사업을 시작한 곳은 경상남도 함안군 법수입니다. 농촌이며 고향집이 있는 곳입니다. 접근성이 좋지 못하여 손님이 찾아오기도 쉽지 않습니다. 아버지는 장남에 대한 기대가 크셨습니다. 시골에서 사업한다니 아버지께서 심하게 반대하셨고, 차라리 점포를 차려 줄 테니 마산 같은 인근 도시에서 사업하라고 하셨습니

다. 저는 그렇게 생각하지 않았습니다. 사업하는 지리적 장소, 위치는 전혀 문제 되지 않는다고 판단했습니다. 손님(고객)에게 어떻게 하느냐에 달려 있다고 생각했습니다. 부가적으로 서비스할 수 있는 요소를 찾아내어 그것을 행동으로 옮겼으며, 고객이 만족할 수 있도록 최선을 다했습니다.

K_고객에게 최선을 다하고 부가적인 서비스를 하셨군요. 고객을 다시 오게 하는 방법은 무엇입니까? 고정 고객을 확보할 수 있는 방법이 있습니까?

P_핵심은 '서비스'입니다. 고객이 하나를 요구하면 서비스가 될 수 있는 한두 개를 더 해 주었습니다. 고객이 요구하는 것 외에 부가적인 서비스를 하는 것입니다. 비용은 추가로 발생되지 않지만 조금의 노력과 노동, 정성을 추가했습니다. 이것이 입소문이 되어 많은 사람이 찾아 왔습니다. 고객의 기대치보다 더 나은 제품으로 만들어 주는 것이 핵심입니다. 고정 고객이 생겨 손님은 많았고 사업은 잘 되었습니다. 몸은 힘들어도 웬만한 공무원 월급의 몇 배를 벌었습니다. 낮에 못 다한 일은 밤늦게까지 했었고 작업복을 벗지 않고 잠을 잔 날도 많았습니다.

K_사업이 잘 되었군요. '플러스알파 전략'이 통했습니다. 대단한 사업 전략입니다. 고객에 대한 투철한 서비스 정신이 필요한 것이군요. 사업 성공은 입지에 있지 않고 일에 대한 경영자의 자세와 마인드, 경영철학에 달려 있는 것 같습니다. 저도 비슷한 경험을 한 적 있습니다. 예전 살던 곳 인근에 있던 자동차 수리점 주인은 제가 요구하는 것 보다 한 가지 정도 더 서비스해 주었습니다. 물

론 돈을 더 요구하지도 않았습니다. 그러니 마음도 편하고 다시 그 수리점을 찾곤 했습니다. 사장님은 부가적인 서비스를 제공하여 고객의 마음을 사로잡으셨군요.

P_그렇습니다. 사업의 핵심은 고객의 마음을 사로잡는 것입니다. 고객이 기쁜 마음으로 다시 오게 하는 것이 중요합니다. 고객은 작은 것에 감동 받습니다. 고객의 마음이 편하거나 만족하면 반드시 다시 찾아옵니다. 고정적인 고객을 확보해야 합니다. 서비스에 대한 것이 소문이 나고 그 입소문을 듣고 많은 고객이 찾아왔습니다. 직원이 늘어나고 사업이 잘 되어 일하는 것이 즐거웠습니다.

K_고객은 마음을 편안하게 해주는 곳을 좋아합니다. 자동차만 해도 일반인은 잘 모르는 분야라 용어도 어렵고 설명해도 쉽게 이해되지 않습니다. 그래서 차에 대해 잘 모르는 사람은 정비소에 차를 맡길 때면, 불안한 마음이고 행여 속지나 않을까 걱정됩니다. 그것이 솔직한 심정입니다.

P_그럴 것입니다. 고객에게 신뢰감을 주고 마음을 편안하게 해 주는 영업 태도가 좋습니다. 또 어려운 내용도 알기 쉽게 설명해 주어야 합니다.

K_의도적인 마케팅 보다는 고객의 입소문과 정직한 서비스 제공이 중요하다는 말씀이군요. 특히 사람들의 입소문이 강력한 성공법이라 할 수 있습니까?

P_좋은 내용의 '입소문'이 성공의 조건입니다. 건설업도 다른 사업과 유사하며 좋은 이미지의 입소문이 무엇보다 중요합니다. 좋은 이

미지는 좋은 건축으로 이어져야 하고 입소문은 지속되어야 합니다. 그래야 수주로 이어집니다. 주인이나 사장의 생각과 태도, 마음가짐, 접근방법, 주변의 평가에 따라 사업의 성패가 결정된다고 할 수 있습니다.

K_제 생각에는 옷 장사를 비롯한 경일공업사의 경험과 음료수 납품일, 농기계 수리점 등 다양한 경험을 통해 고객에 대한 태도, 고객의 심리 파악, 맞춤형 영업 전략, 사업의 속성을 배우신 것 같습니다. 이전의 사업 경험이 밑천이 되고 자신감의 기초가 되어 건설업을 생각하게 되었군요.

P_선행 사업을 통해 사업의 속성과 고객의 심리를 이해할 수 있었습니다. 이전의 경험과 기술이 많은 도움이 되고 자산이 된 것입니다. 사업을 실패하지 않았기 때문에 새로운 도전을 해보고 싶었습니다. 그래서 새로운 사업의 시작 시점을 고려하게 되었고 구체적인 사업 내용을 구상했습니다. 그것이 건설업입니다. 마음의 준비가 되어 있었고 사업 자금도 있으니 자연스럽게 진행되었습니다.

K_사업 자금과 마음의 준비가 되어 있었군요. 새로운 선택을 하기 전에는 준비과정을 거쳐야 실패 위협을 줄일 수 있습니다. 몇 가지 사업을 한 것은 건설업을 하기 위한 준비였다고 생각합니다. 건설업을 언제 시작하셨습니까?

P_본격적인 사업은 1992년 봄부터 시작했습니다.

꿈을 안고 친구와 함께 시작하다

K_회사에 대한 사항이 궁금합니다. 규모는 크지 않았다고 알고 있습니다. 사장님의 능력에 비해 소규모 회사를 운영하셨다고 생각합니다.

P_아닙니다. 규모는 작았지만 제 능력보다 큰 회사였습니다.(웃음) 작은 회사를 운영했습니다.

K_친구와 동업을 하셨습니까? 믿을 만한 사람이라도 웬만하면 동업은 하지 말라고 합니다. 저도 동업해서 잘 되는 경우를 보지 못했습니다. 동업하기가 어렵지 않았습니까?

P_전혀 어렵지 않았습니다. 사업 시작은 친구와 함께 했습니다. 1998년까지 6년 정도 같이 했지만 일과 자금, 직원관리 등 제반 사항은 친구와 분리했습니다. 투자를 같이 하고 협동한 하나의 회사였지만 모든 것이 분리된 개별적인 회사였습니다. 친구와 사이가 좋았고 사업도 잘 되었습니다. 친구의 고향이 대구라 친구는 대구로 돌아갔으며, 저와 친구는 각자의 연고지에서 사업을 계속 했습니다.

K_동업하기가 어렵다고 하는데 사장님은 그렇지도 않았습니다. 친구의 사업은 어땠습니까? 대구로 가신 친구는 지금도 사업을 하고 있습니까?

P_친구는 대구에서 사업을 계속했었고 비교적 잘 되었던 것으로 알고 있습니다. 지금은 하지 않습니다. 친구도 3~4년 전에 그만 두었습니다.

K_사장님 회사의 한 해 매출액은 최고 얼마였으며 직원은 최대 몇 명이었습니까?

P_1996년도 매출액은 45~50억 원 정도였으며 직원은 6명 정도였습니다.

K_사장님은 토목공사를 포함한 '건설'보다는 '집 짓는 일, 건축 일'을 많이 하셨습니다. 건축을 위주로 한 건축회사를 운영하셨다고 생각합니다.

P_네, 그렇습니다. 건설업을 했지만 엄밀하게 따지면 건축 위주의 건축업을 했습니다.

K_작은 회사라 해도 매출액이 결코 적지 않습니다. 작은 회사나 큰 회사나 운영하는 것은 마찬가지입니다. 경영자는 누구나 큰 회사로 키우고 싶어 하며 성장을 추구합니다. 건설회사는 지속적인 성장만이 살 길이라는 믿음도 있습니다. 큰 회사로 키우고 싶은 욕심은 없었습니까?

P_작은 건설 회사를 경영했습니다. 마음만 먹으면 회사를 키울 수도 있었지만 저는 큰 회사를 원하지 않았습니다. 작지만 튼튼한 회사를 지향했습니다. 큰 회사로 만드는 것만이 성공은 아닐 것입니다. 성장을 추구한 많은 건설회사가 관리와 기획 부재로 실패한 경우를 볼 수 있었습니다. 성장보다 성장 속도를 관리할 줄 알아야 합니다. 급속하게 성장한 회사는 쉽게 재정 위기를 만날 수 있습니다. 쉼 없는 발전이 제일입니다.

K_욕심을 부리다 보면 어려움에 처합니다. 하지만 회사가 어느 정도 안정화되면 성장에 대한 욕심이 생깁니다. 그런 욕심은 없었습니까?

P_없었습니다. 회사 설립 초기의 초심으로 돌아가 저의 능력을 정확히 파악하고, 제가 관리할 수 있는 범위 내에서 사업을 해야 한다고 생각했습니다. 적절한 이익을 창출하면서 성장보다는 지속적인 안전성을 추구했습니다.

K_무슨 일이든 긴 시간에 걸쳐서 천천히 성장해야 오래 갑니다. 실속 경영을 추구하셨군요. 사업이 가장 잘 되었을 때는 언제였습니까?

P_사실 농기계 수리점을 하면서 농기구창고나 축사를 손수 지었습니다. 본격적으로 건설업을 시작하기 2년 전부터 소규모 건축 일을 했었습니다. 사업이 한 창일 때는 1993년이며 9개 현장이 있었습니다. 1992~93년에 수주 물량이 아주 많았습니다. 그 때 같이 일했던 직원 중에서 지금 건설업을 하는 이들도 있습니다. 모두 열심히 했었고 그 때가 그립기도 합니다. 그러나 향후 회사를 정리하기 위해 적은 인원으로 감당할 수 있는 작은 회사를 지향했습니다. 2005년부터는 사업 규모를 조금씩 줄였습니다.

K_사업 초기에 일이 많았군요. 사업은 위기와 기회의 연속이라 할 수 있습니다. 사업이 쉽지는 않았을 것입니다. 큰 위기나 어려웠던 적은 없었습니까?

P_솔직히 말해서 사업이 어려웠던 적 없었습니다. 거짓말이 아닙니다. 사업이 쉬운 것은 아니었지만 큰 위기는 없었습니다. 감사하

게도 일은 꾸준히 있었습니다. 저의 기술과 회사의 능력을 고려해서 욕심 내지 않고 조금씩 했습니다.

K_위기나 어려움이 없었다니 믿기지 않습니다. 최근에 사재 23억원으로 '석봉(碩峰)도서관'을 지어 광주시교육청에 기증하는 최상준 남화토건 대표가 화제입니다. 남화토건은 금융위기 때도 구조조정을 하지 않았고 차입금, 어음 발행이 거의 없는 탄탄한 회사로 알려져 있습니다. 사장님의 회사와 비슷합니다. 1997년 IMF(국제통화기금) 외환위기 때나 회사가 어려워 구조조정 해 본 적 없었습니까?

P_회사는 작았지만 그런 적 없었습니다. 남들은 어려운 시기였지만 일은 끊이지 않았습니다. 일이 있는데 구조조정 할 이유가 있습니까? IMF 외환위기 이후에도 구조조정은 없었습니다. 작지만 튼튼한 회사였습니다. 최 대표님은 훌륭한 건축인이라 생각합니다. 제가 알기론 지역 사회에 기여하는 건축인이 많습니다.

K_IMF 외환위기 시절에는 건설업 하는 사람들이 무척 어려웠습니다. 문을 닫는 건설회사가 많았으며 건축인도 커다란 고통을 받았습니다. 물론 그것을 계기로 구조조정도 이루어졌습니다. 하지만 사장님은 남들이 어려울 때 일이 더 많았다니 놀랍지 않을 수 없습니다. 다르게 생각하면 회사의 재무구조가 아주 튼튼했거나 사장님의 영업력이 대단했다는 것을 반증합니다. 어떻게 생각하십니까?

P_대단한 것은 없습니다. 저는 솔직히 IMF 외환위기를 크게 느끼지 못했습니다. 상당히 어려웠었다는 이야기를 그 이후에 들었습니다. 그 때에도 쉬지 않고 일했습니다.

K_IMF 외환위기를 겪어보지 못한 사람은 그 어려움을 모를 것입니다. 노동고발, 임금 체불의 경우는 없었습니까?

P_단 한 번도 없었습니다. 있을 수 없는 일입니다.

K_사장님은 남 다른 점이 많네요. 구조조정, 임금 체불과 같은 일이 없었다는 것은 깨끗한 경영을 하신 것으로 보입니다. 직원과의 약속도 지켰습니다. 회사의 규모를 키우지 않고 적은 인원으로 건축 일을 하셨습니다. 모두 계획된 것이었습니까?

P_그렇습니다. 약속된 것이었습니다. 사업을 마무리할 시점을 정해 두었기 때문에 회사의 규모도 줄이고, 직원도 줄이고 일의 양도 줄였습니다. 직원과 한 약속도 당연히 지켜야 합니다.

K_직원도 경영자와 한 약속을 지켜야 합니다. 서로의 약속만 지키면 문제될 것이 없습니다.

P_그렇군요. 약속은 지키는 것이 정말 중요하군요.

K_건축은 단순히 건물을 만드는 행위가 아니라 우리가 살아가는 사회를 일구는 행위입니다. 건설업 뿐 아니라 몇 가지 직업을 경험하셨다고 들었습니다. 건설업을 하신 것에 대해 후회하지 않으십니까?

P_건축을 한 것은 탁월한 선택이었습니다. 힘은 들었지만 절대 후회하지 않습니다. 기쁨을 맛보았고 뿌듯함도 느꼈습니다. 건설업은 좋은 직업이라 생각합니다. 남들 보다 부지런하고 정직하게 하면 돈을 벌 수 있고 좋은 사람도 만날 수 있습니다. 세상에는 집이 필요한 사람이 있고 누군가는 그 집을 지어야 합니다. 남들

에게 좋은 건축으로 기쁨도 주며, 하고 싶은 일을 하면서 돈을 벌 수 있다는 것은 즐거운 일입니다.

K_아주 이상적이며 건설업의 좋은 점만 이야기하시는 것 같습니다. 사장님에게만 해당되는 것 아닙니까? 건축가 김진애는 "건축은 축복이고, 건축업은 저주다!"라고 합니다. 건축을 좋고 이상적인 것으로만 볼 수 없다는 것입니다. 그렇지 않습니까?

P_저는 생각이 다릅니다. 나쁜 건축을 하지 말아야 하며 좋은 품질의 건축으로 소비자에게 만족감을 주어야 합니다.

K_건축인과 일반인이 사장님의 의견에 동의할 수 있을까요? 건설업 하는 사람을 좋게 생각하는 사람이 적습니다. 건설업, 건축인에 대한 나쁜 시각, 나쁜 이미지가 더 많습니다. 미국 건축가 더그 팻(Doug Patt)은 "우리가 건축에 매료된 만큼 우리 문화에는 건축적 상상과 소망을 억누르고 건축과 건축 일을 하는 사람들을 불필요한 존재로 무시하려는 경향도 있다."고 했습니다. 제가 아는 현장소장은 자녀의 대학 진로를 문의하는 분께 건축보다는 토목을 추천하시던데요.

P_건설업을 열심히 정직하게 해야 합니다. 그것이 전제이고 당위성입니다. 건축을 하는 사람 스스로 나쁜 이미지를 개선하기 위해 변화해야 합니다. 저는 건축 일을 통해 성취감을 느꼈고 좋은 분을 많이 만났습니다. 의미 있는 인생을 살았다고 자부합니다.

• 치밀한 준비가 시작이다

시작의 기본은 자신감과 자본금

K_몇 가지 사업을 하셨습니다. 저는 사업에 대한 경험이 중요하다고 생각합니다. 건설업을 시작할 당시의 심정은 어땠습니까? 두렵지 않았습니까?

P_하고 싶은 일을 하는데 무엇이 두렵습니까? 전혀 두렵지 않았습니다. 오히려 잘 될 거라는 희망과 자신감이 있었습니다. 열심히 잘 해야겠다는 마음뿐이었습니다. "남들과 다르게 하겠다!"는 각오를 다졌습니다.

K_영국의 작가이자 정치인 조지프 에디슨(Joseph Addison)은 "인생에서 성공하려거든 끈기를 죽마고우로, 경험을 현명한 조언자로, 신중을 형님으로, 희망을 수호신으로 삼으라."라고 했습니다. 사장님은 처음 하신 일인데도 희망과 자신감이 있었군요. 건설업을 시작할 때의 사회적 분위기는 어떠했습니까?

P_건설 경기가 좋았습니다. 1990년대 초 주택 200만호 건립 계획에 따라 정부 주도로 많은 아파트가 지어졌습니다. 아파트 건설 붐이 한창이었습니다.

K_사업하기에 사회적 분위기는 좋았군요. 사업에 대한 준비는 무엇을 어떻게 하셨습니까?

P_특별한 준비는 없었습니다. 기존 사업을 조금씩 정리하면서 건축에 대해 구체적으로 고민하였고 더 많은 관심을 가졌습니다. 건설업 하는 사람을 유심히 관찰해서 무엇을 어떻게 하는지 보고 배웠습니다.

K_특별히 준비한 것이 없어도 마음속으로 많은 준비를 하셨다고 짐작됩니다. 그래도 나름대로 준비한 것은 무엇입니까?

P_건축의 동향을 파악했습니다. 주변에 건축 현장이 있으면 찾아가 궁금한 것을 물어 보았습니다. 모르는 것은 알려고 노력했습니다. 자금도 조금씩 저축했습니다.

K_창업을 하려면 어느 정도의 자금이 필요합니다. 사업 자금은 어떻게 하셨습니까?

P_몇 가지 사업을 하면서 조금씩 자금을 모았습니다. 사업을 통해 벌어둔 돈이 있었습니다. 1992년 당시 6억 원 정도의 자금이 마련되어 있었습니다.

K_그 당시 6억 원이면 상당히 큰돈이라 할 수 있습니다. 보통 사업을 시작하려 할 때, 사업 자금은 가진 것을 모두 쏟아 붓고 모자라면 은행이나 지인에게 빌려 시작합니다. 그 이면에는 대박을 꿈꾸는 욕심이 숨어 있습니다. 창업자에게는 자금이 큰 부담입니다. 저는 사장님의 성공 요인 중 하나는 준비된 자금이라 생각합

니다. 자기 자본이 있었습니다. 돈이라는 상당한 무기를 갖고 시작하셨습니다.

P_그렇습니까? 저는 건설업하기 전에도 빚내어서 사업하지 않았습니다. 빚내어서 하는 사업은 하지 않는 것이 좋습니다. 나름대로 오래 전부터 건설업을 할 마음이 있었기에 자금을 모았습니다. 자금이 절대적인 성공 요인은 아니라 생각하지만 장점이라 할 수 있습니다.

K_사장님의 성공에 있어 자기 자본이 하나의 중요한 요소라 단정하고 싶습니다. 자금을 갖고 사업을 시작하는 것은 쉽지 않은 일입니다. 특별한 경우를 제외하고는 보기 드문 사례입니다. 사업 시작 초기에는 누구나 자금이 부족합니다. 그래서 빌리거나 대출을 받습니다. 아니면 계약금이나 착수금으로 일을 시작합니다. 사장님은 시작부터 남들과 다르시군요.

P_저는 준비된 돈이 있었기에 시작하기는 어렵지 않았습니다. 하지만 특별한 것은 아니고 남보다 조금 더 준비한 것입니다. 몇 가지 사업을 해 보았기 때문에 사업의 본질이나 속성에 대해 어느 정도 알고 시작했습니다. 그것이 차별화되는 점이라 할 수 있습니다.

준비와 관리는 실패하지 않는 요인이다

K_사장님은 창고를 지어 본 것 외에 건축을 직접적으로 해 본 경험이 없습니다. 체계적으로 배우지도 않았고 실무에 참여해 본 적도 없지 않습니까?

P_맞습니다. 부족한 부분이 많았고 스스로 터득하느라 힘들었습니다. 하지만 사업 초기에도 일은 있었고 작은 일부터 했습니다. 욕심내지 않았습니다. 축산단지의 축사나 돈사 공사부터 시작했습니다.

K_사장님이 사업을 시작할 당시에는 비전공자라도 돈이 있는 사람이면 건설업을 했습니다. 기술자나 관리자는 고용하면 되니까요? 그런데 사장님은 사업 시작 초기부터 마칠 때까지 직접 현장 일을 하셨습니다.

P_그렇습니다. 저는 기술자에게만 맡겨 두지 않고 제가 직접 일을 했습니다. 모르는 부분은 공부하고 기술을 익혔습니다. 물론 기술자의 도움도 받았습니다.

K_그럼 스스로 터득하신 것이 오히려 성공요인이 아닐까요? 저는 오래전부터 건축과 정치의 연관성에 대한 관심을 가지고 있었습니다. 정치인으로 변신한 국회의원 안철수는 정치 경험이 없는 것이 오히려 '나쁜 정치'를 배우지 않은 장점이라고 했습니다. 사장님도 나쁜 건축을 배우지 않은 것 같습니다. 어떻게 생각하십니까?

P_사실 제대로 배우지 못해서 육체적으로 힘들었습니다. 일에 대한 과정을 하나씩 알고 깨우친다는 것은 많은 시간과 노력을 필요로 했습니다. 직접 실천하고 시험하느라 쉴 시간이 없었습니다. 저는 나쁜 건축을 배우지 않았습니다. 다행스러운 일이라 생각합니다. 건축의 기본과 원칙을 지키려 노력했습니다. 정직하고 양심 있는 건축을 추구했고 남을 속이지 않았습니다.

K_사장님께서 창업할 시점에는 현재와 비교되지 않을 정도로 건설경기가 좋았습니다. 사업 초기에 일이 있었다는 것은 건설경기의 영향을 받았다고 볼 수 있습니다. 사업 수익은 어땠습니까?

P_전반적으로 사회적 여건이 좋았습니다. 경기가 좋아서 사업 시작도 순조로웠습니다. 그 당시에는 농산물집하장, 선별장 공사와 축산단지 일이 많았습니다. 초창기부터 사업이 잘 되었습니다. 수익도 많이 낼 수 있었습니다.

K_건축 일을 많이 하셨는데 공사를 마치고도 이익을 내지 못하고 적자가 난 현장은 없었습니까?

P_없었습니다. 다행스럽게도 실패한 사례는 없었습니다.

K_그렇습니까? 사실 일을 마쳐도 손해가 나는 경우가 허다합니다. 건축 관련자와의 분쟁이 생기거나 회사가 문을 닫기도 합니다. 하나의 현장도 실패하지 않았다니 놀랍습니다.

P_사실입니다. 한 건도 실패하지 않았습니다. 고생하고 노력했는데 보상이 없다는 것은 시공자의 과실이거나 관리를 잘 못한 경우입니다.

K_사업 위기나 분쟁도 없었고 실패하거나 손해 본 현장이 없었다니 믿기지 않습니다. 성공한 사람은 으레 그렇듯이 실패와 좌절을 자양분으로 삼아 성장합니다. 역시 사장님은 일반적인 건축인과 다르십니다. 실패하지 않은 비결이 궁금합니다.

P_준비와 관리가 비결이라면 비결입니다. 철저히 준비하고 최선을 다해 관리해야 합니다. 실패한 사례는 분명한 원인이 있습니다.

그 원인을 분석해서 실패하지 말아야 합니다.

K_'경영의 신'이라 불리는 일본의 마쓰시타 고노스케(松下幸之助)는 "한 번 넘어졌을 때 원인을 깨닫지 못하면 일곱 번 넘어져도 마찬가지다. 가능하면 한 번만으로 원인을 깨 닫을 수 있는 사람이 되어야 한다."고 말했습니다. 건설업을 시작하면서 가졌던 생각은 무엇입니까? 자기만의 원칙이나 약속이 있었습니까?

P_제가 알고 있는 건축의 기본과 원칙을 지켜야 되겠다고 생각했습니다. 건축 하자에 대해 어느 정도 알고 있었기에 잘 할 자신이 있었습니다. 하자만 없애면 성공할 수 있다고 판단했습니다. 건축주와의 관계 설정도 어떻게 해야 하는지 파악하고 있습니다. 물론 저만의 원칙도 세워 두었습니다.

K_사업 초기에는 보편적으로 어렵습니다만 사장님은 그렇지도 않았습니다. 준비된 자금과 학습, 사업에 대한 선행 경험 등 사업 시작의 조건을 갖추었습니다. 건설업 생리도 어느 정도 파악하고 시작하셨군요.

P_그렇습니다. 그 동안 사업하면서 터득한 기술과 준비한 것이 주요했다고 봅니다. 솔직히 사업 초기에는 건설경기 덕도 보았습니다. 하지만 저만의 자신감, 약속도 중요한 요소라 생각합니다.

자기관리 능력과 자기 자본의 중요성

K_1990년대 초에는 건설경기가 좋았습니다. 누구나 잘 할 수 있었

다고 생각합니다. 그 당시 사업했던 분은 다들 돈을 버셨습니다. 돈 못 버신 분이 있을까요? 하지만 IMF 외환위기 이후에는 경기가 좋지 못했습니다. 사업이 잘 되다가도 부도가 난 회사가 많았습니다. 20년 전 잘 나갔던 지방의 중견 건설회사 중 현재까지 살아남은 회사가 많지 않습니다. 그러나 사장님은 실패하지 않았습니다.

P_물론입니다. 천재라고 불리고 많은 사람들로부터 기대를 받았던 각 분야의 전문가라 할지라도, 성공에 이르는 사람은 극소수에 불과 합니다. 저는 지방에서 소규모 건설 회사를 운영했지만 실패하지 않았습니다. 잘 나갔던 많은 회사가 사라졌으며 세대교체도 이루어졌습니다. 저는 원칙을 세우고 그것을 지키려 노력했습니다. 남들처럼 외형을 키우지 않았고 무리하게 회사를 운영하지도 않았습니다.

K_실패하지 않은 그 사실이 중요합니다. 제가 사장님을 높게 평가하는 점입니다. 경남 진주의 경우도 예외가 아닙니다. 건설업 1세대라 할 수 있는 많은 회사가 문을 닫았습니다.

P_그렇습니다. 사라지고 또 생겨나고 생성소멸이 반복됩니다. 그래도 문을 닫는 회사보다 새로 문을 여는 회사가 더 많지 않을까요? 20년 이상 지속된 건설회사는 많지 않습니다.

K_사장님의 남다른 의지와 시대적 상황이 잘 맞았다고 생각합니다. 실패하지 않았습니다. 그 요인이 무엇이라 생각하십니까? 특별한 비결이 있습니까?

P_열심히 노력하는 것이 성공의 비결이라 할 수 있습니다. 사업을

마칠 때까지 실패하지 않고 지속할 수 있었던 것은 제가 세운 약속을 지켰기 때문입니다. 특별한 비결이라 할 수는 없지만 나름대로 정리해 보면, 무리하게 사업 확장하지 않은 것과 자금 운용(계획)이 원만하게 되었던 것이 비결이라 할 수 있습니다.

K_사장님이 이야기 하신 세 가지 사업의 안정성, 자금, 약속(원칙)은 모든 사업에서 중요한 요소입니다. 특히 '자기 자본'이 두 가지 요소도 가능하게 만든 요인이 아닐까요?

P_네, 무슨 의미입니까?

K_사업에 있어 자금을 안정적으로 운용할 수 있다는 것은 다양한 가능성에 도전할 수 있고, 선택의 폭을 넓힐 수 있습니다. 자금의 힘으로 주체적인 사업을 추진할 수 있어 외부의 힘에 흔들리지 않습니다. 자기 절제와 실천, 관리도 자유로울 수 있습니다.

P_그렇게 생각하시는군요. 이야기 하신 것의 의미는 이해합니다만 자금이 모든 것을 해결해 주지는 않습니다. 자금 운용과 보유는 사업 성패에 커다란 영향을 미치는 것입니다. 그렇지만 무엇보다 자기 기술(능력)이 가장 중요합니다. 기술력 없이는 성공할 수 없습니다.

K_자기 (시공)기술, 실력을 강조하셨습니다. 1986년 우리 사회의 큰 파장을 일으킨 한보건설의 실패는 과도하게 '타인 자본에 의존한 것'과 '관리능력의 부재'였다고 합니다. 한보건설의 사례에서도 탄탄한 자기 자본과 강한 관리능력이 중요함을 알 수 있습니다.

P_그 당시 대부분의 건설회사는 한보건설과 비슷한 사업 방식이었

습니다. 실패할 수밖에 없는 구조였습니다. 그래서 저는 원칙을 세웠고 그것을 지켰습니다.

한보건설의 실패

모든 조직은 흥하거나 망할 수 있다. 국가도 하나의 조직이며 따라서 흥하거나 망할 수 있고 몇 사람이 모여서 결성한 작은 단체도 흥하거나 망할 수 있다. 모든 조직이 이름은 달라도 그 흥망의 메커니즘은 한보의 경우와 같다. 개인도 마찬가지이다. 흥하는 개인이 있고 망하는 개인이 있으며 그 흥망의 원인-결과의 내부적 원리는 한보의 경우와 같다. 조직과 개인 중에는 흥하되 눈에 띄게 흥하고, 망하되 한보같이 눈에 띄게 망하는 경우가 있고, 그렇게 두드러지게 흥하거나 망하지 않아도 눈에 뜨이지 않게 서서히 흥해가거나 망해가는 경우도 있다. 그런 경우에는 흥망의 희비를 피부로 느끼지 못하고 흥하는 것을 흥하는 것인지 모르고 망해가는 것을 망해가는 것인지 모르고 살아가는 경우가 될 수 있다. 예를 들면 우리나라의 행정조직과 대학교육도 너무 오랫동안 경직된 정체성을 유지하고 있어서 새 시대에 효과적으로 대처하고 있지 못한, 그래서 흥해가고 있지 못했던 경우이다. 개인도 흥하고 있지 않음을 인정하면서 나이 먹어가고 있는 개인이 수없이 많을 것이다. 세상의 모든 일은 흥망의 곡선이 있는 것이라고 보면 모든 사람과 모든 조직이 결국 그 흥망의 수레바퀴 속에 있다고 보아야 할 것이며 그렇다면 그 흥망의 수레바퀴를 굴리는 원인-결과의 메커니즘은 한보의 경우와 같다.

회사 경영에 있어서 문외한인 필자가 보기에 한보가 망한 원인은 과도하게 타인자본에 의존한 것과 경영관리의 미숙함에 있다고 생각된다. 다시 말하면 되돌려 주어야만 하는 타인자본에의 의존과 자기 갈 길을 스스로 개척해 가는 관리능력의 부족이었다. 타인자본에의 의존이 과도하고 자기관리 능력이 부족하면 한보뿐만 아니라 모든 조직과 개인은 망할 수 있다는 얘기가 된다. 자기자본에 의존하고 운영관리능력이 충분하면 흥할 수밖에 없고 반대로 부족하면 망할 수밖에 없다. 한보뿐만 아니라 한국이라는 국가도 외세에의 의존이 과도하고 자기관리 능력이 약하면 망할 수밖에 없다. 오늘날도 타인에 의존하고 자기관리를 못하는 수많은 개인들이 망하고 있다.

〈건축과환경 9704〉, 김성우

***K*_**타인 자본에 의존하지 않을 것과 자기 실력이 중요하다는 의견에 전적으로 동의합니다. 작은 회사라도 경영자의 뚜렷한 가치관과 조직, 자기 자본을 갖추어야 한다고 생각합니다.

***P*_**대부분의 건설회사 구조는 자기 자본이 적고 자기 관리 능력, 경영 능력이 취약합니다. 하지만 내실 있는 회사는 반대 구조입니다. 제대로 된 시스템(조직)과 매뉴얼이 있습니다.

***K*_**20년, 50년 가는 기업과 대기업, 중소기업을 운영하시는 분들에게는 뭔가 특별한 게 있습니다. 일본에는 1,400년 된 건축회사, 금강조(金剛組, Kongo Gumi Co.,Ltd.)라는 회사가 있다고 합니다. 놀랍지 않습니까?

***P*_**놀랍습니다. 오뎅집, 과자집, 국수집의 역사가 보통 100년, 200년

된 것은 있다고 들었습니다. 하지만 그렇게 역사가 긴 건축회사는 처음 듣습니다.

K_현 사장의 조상이 백제인이며 매출액이 1,000억 원에 달한다고 합니다. 비록 일본의 이야기이지만 가업을 잇는 전통과 장인정신을 존중하는 풍토는 배울 만 하다고 생각합니다.

P_저도 일본의 장인정신은 배워야 한다고 생각합니다.

금강조(金剛組) 가문의 영광

일본은 장인(匠人)의 나라라고 해도 과언이 아니다. 직업의 귀천을 떠나 한 가지 분야에 일생을 바친 장인을 사랑할 줄 알고 그런 풍토 아래서 장인들은 또 기꺼이 외길을 걸을 수 있는 것이다.

이야기는 서기 593년으로 거슬러 올라간다. 백제 위덕왕 재위 40년째, 이 해에 백제의 아좌 태자가 일본에 건너가 쇼오토쿠 태자의 초상화를 그렸고, 세 사람의 건축가들이 건너가 오사카에 사천왕사를 세웠다. 당시 일본에서는 대사찰을 지을만한 건축기술이 없었기 때문이다. 그들 중에 금강중광(金剛重光)이라는 사람이 있었는데 절이 완성되자 쇼오토쿠 태자는 그에게 사천왕사 보수 관리를 명했다. 금강중광 집안은 그때부터 사천왕사 인근에 거주하면서 사찰보수 관리를 가업으로 삼아 대를 이어왔다. 놀랍게도 그들 가문은 지금까지도 오사카시 천왕사구 사천왕사 1정목의 주소에'금강조'란 간판을 건 주식회사로 건재하고 있다. 무려 39대 1,400년의 역사이다.

사찰 보수일지는 창건 때부터 지금까지 단 한 건의 누락도 없이 세세하게 공사현황을 기록해놓고 있었다. 보수자의 이름과 자재, 그리고 보수한 부위의 그림에 이르기까지, 한 가문이 1,400년 동안 같은 일에 종사해왔다는 사실은 단연 세계 기록일 것이다.

현재 그 회사의 연간 매출액은 100억 엔대로서 1,000억대에 달하는 중견기업이다. 워낙 알찬 기업이라 회사의 규모를 확장할 수도 있지만 금강 사장은 일부러 현재의 규모를 유지하고만 있다고 한다.

금강조 가문의 이야기는 방송작가 홍하상 씨의 취재로 국내에 알려지게 되었는데 홍 작가는 1,400년 역사를 지닌 가업보다도 금강리융 사장의 민족의식에 더 충격을 받았다고 고백했다. "남의 나라에 건너와서 욕먹으면 안 되죠. 그래서 사찰보수에 언제나 최선을 다합니다." 1,000년 하고도 400년이 지난 지금까지 조국의 명예를 지키기 위해 최선을 다한다는 그의 한 마디는 금강조 가문의 민족혼과 장인정신은 눈물겹기까지 하다.

조훈현 홈페이지(www.chohunhyun.com)

K_사장님의 약속(원칙)이 궁금해집니다. 이제부터 사장님의 원칙, 자기와의 약속에 대해 이야기해 볼까요?

P_거창한 것은 없지만 저 자신과 한 약속이었습니다.

자기와의 약속을 지키다

흔들림 없는 20년간의 자유의지

K_아름다운 약속은 변하지 않습니다. 사장님은 사업을 시작하면서 자기와의 세 가지 약속을 하셨다고 들었습니다. 무엇입니까?

P_대단한 것은 아닙니다. 남들이 들으면 웃을지도 모릅니다.

K_약속은 하는 것보다 지키는 것이 어렵다고 합니다. 특히 자기와의 약속은 작심삼일(作心三日)로 끝나기가 쉽지 지키기 어렵습니다. 약속을 지키는 일보다 중요한 것은 없습니다.

P_물론 자기와의 약속을 지키는 것도 쉽지 않습니다. 저와의 약속 첫째는 20년 동안 하루도 빠짐없이 현장을 지킨 것입니다. 건축 현장에서 앉지도 않았고 작업복을 벗지도 않았습니다. 둘째는 은행 문턱을 넘지 않은 것입니다. 즉 은행 대출을 한 푼도 받지 않았습니다. 어음은 받지도 않았고 주지도 않았습니다. 셋째는 개인적인 저녁 약속을 한 달에 세 번 이상 하지 않았습니다. 건축주와의 저녁 식사도 마찬가지입니다. 왜냐하면 건축 현장을 관리해야 하니까요. 이것이 저와의 약속이었고 제가 세운 원칙이었습니다.

K_사장님의 약속은 철저하게 현장을 지킨 것과 타인의 자본에 의존하지 않은 것, 그리고 자기 관리와 절제로군요.

P_맞습니다. 특별하지 않습니다.

K_제가 보기에는 특별합니다. 세 가지 약속은 개인적인 약속이고 자기만의 원칙인 것 같습니다. 사장님은 의지가 강하고 원칙을 중시하는 사람처럼 보입니다.

P_특별하지는 않지만 남들과 다른 점은 있지 않겠습니까?

K_저는 20년 동안 하나의 약속도 제대로 지키지 못할 것 같습니다. 작업복 정신도 인상적이고 놀랍습니다. 어떤 직업이든 성공의 요체는 재능 못지않게 집중력과 지구력이 중요하죠? 20년 동안 자기와의 약속을 지킨 것은 직업에 대한 굉장한 집중력과 지구력이 발휘되었다고 할 수 있습니다. 대단한 일입니다. 오로지 인내와 노력, 집중으로 승부해 오셨습니다.

P_오늘날과 같이 개인과 기업만이 아니라 삶의 경쟁이 심화된 사회에서 성공하는 비결은 자신의 인내심에 도전하고, 또 도전하는 방법 밖에 없습니다. 끊임없이 인내할 수 있는 마음가짐이 중요합니다. 세 가지 약속은 저 자신이 저를 위해 세운 원칙이자 기준입니다. 제가 끈기는 있습니다. 20년 동안 한 눈 팔지 않고 한결같이 집 짓는 일에 집중하고 몰입했습니다. 이것만은 자신 있게 말할 수 있죠.

K_이해하기 힘듭니다. 절제도 좋지만 건설회사 사장이 작업복 입고 일하고, 사람 만나는 것까지 세운 원칙대로 해야 합니까? 사장은

사회적 지위와 책임이 있습니다. 건축 영업을 위해 외부 활동을 해야 하고 많은 사람을 만나야 하지 않습니까?

P_이해하기 힘드실 수 있습니다. 누구나 저처럼 해야 된다고 생각하지 않습니다. 저라는 사람의 스타일입니다. 하지만 저는 제가 했던 방식을 믿습니다. 남들처럼 해서는 원하는 것을 성취할 수 없습니다. 그것은 진리입니다. 자기만의 원칙이나 철학이 있어야 하며 그것을 실천해야 합니다.

K_재미 한국인 학자 노스캐롤라이나 주립대학교 진봉일 교수도 "성공하려면 미쳤다는 말을 듣는 걸 두려워해서는 안 된다. 남과 다른 삶을 살려면 나만의 창의적이고 진정성 있는 꿈을 갖고 자신이 디자인한 삶을 살아야 한다."고 했습니다. 진 교수의 말처럼 사장님은 남들과 다른 방식으로 일을 하셨고, 자신이 설계한 대로 진정성 있는 건축을 하셨다고 생각됩니다.

P_20년이라는 시간을 말이나 글로 다 표현할 수 없습니다. 말처럼 쉬운 일도 아닙니다. 저와 같이 한 건축주와 직원, 아내, 주변인만이 증인이 될 수 있습니다. 제 삶이 분명한 증거입니다. 처음의 약속을 지켜 내기가 만만치 않았습니다. 고독한 순간이나 어려운 사항을 결정해야 할 때에도 약속(원칙)을 생각했습니다.

K_사장님은 자기 절제와 통제에 철저하시고 약속 지키기를 대단히 중요시 하셨습니다. 사업을 시작하면서 오로지 일에서만 즐거움을 느끼신 것 같습니다.

P_사장이라는 사람은 자기 스스로 깨닫고 자신을 통제해야만 하는 힘겨운 입장에 서있습니다. 사장은 중요한 자원인 시간, 돈, 체력

을 낭비해서 안 됩니다. 저도 술과 유흥을 즐길 줄 아는 편입니다. 하지만 한 달에 세 번만 사람을 만나는 '10일의 법칙'을 지켰습니다. 열정을 유지하고 저와의 약속, 고객(건축주)과의 약속을 지키기 위한 것입니다. 시간과 체력을 관리하고 욕망을 절제해야만 했습니다. 한번 무너지면 다시 시작하기 어렵습니다. 신념과 원칙, 고집이 있어야 합니다.

K_자기 관리에 철저하셨던 것 같습니다. 사업을 그만 두셨는데 요즘도 10일의 법칙을 지키시죠?

P_네, 이젠 버릇이 되었습니다. 술은 건강을 생각해서 자주 마시지 않습니다. 10일에 한번 정도 지인과 함께 합니다.

K_사장님은 뚜렷한 정체성을 가지고 자신이 설계한 삶의 방식대로 살아오셨다고 생각합니다. 마치 세 가지 약속을 자기에 대한 '피아트(Fiat, 독단적인 명령이나 결정)'처럼 여기고 살아오신 것 같습니다.

P_그렇습니다. 때로는 고독하고 힘들었지만 제가 좋아서 시작한 사업이기에 그렇게 할 수 밖에 없었습니다. 모든 것을 제가 감당해야 했습니다. 남들에게 내 세울 것은 없고 다만 성실하게 일했습니다.

K_"자기 길을 찾아갈 때 힘이 생기고, 방향이 되며, 목표가 된다. 아무것도 그 누구도 막지 못한다."라고 합니다. 제가 보기엔 사장님은 순수한 '자유의지'에 따라 살아오신 분 같습니다. 부모님의 반대를 무릅쓰고 '자기 결정권' 또는 '자유의지'를 적극적으로 행사

하여, 건축인의 삶을 정직하고 훌륭하게 살았다고 생각합니다.

P_제 스스로 부과한 규율의 노예를 자처했다고 볼 수 있습니다. 저만의 정체성을 갖고 제가 계획한 방식대로 건축을 했습니다. 제가 세운 규칙대로 삶을 살았습니다.

자유의지와 자기 결정권

인간 존엄성(dignity)의 필수 조건은 자유의지이다. 살든 죽든, 인간의 존엄은 자신의 행동을 스스로 결정하는 능력과 관련되어 있다. 자유의지(Free will)는 자신이 자기 삶의 주인임을 인식하면서 원하는 삶을 스스로 설계하고 그 삶을 자신이 옳다고 생각하는 방식으로 밀고나가는 정신의 태도와 능력이다. 인간의 존엄성은 바로 여기에서 나온다. 철학자 밀의 말처럼, 사람은 누구든지 자신의 삶을 자기 방식대로 살아가는 것이 바람직하다. 그 방식이 최선이어서가 아니라, 자기 방식대로 사는 길이기 때문이다.

인생에서 가장 중요한 것은 '자기 결정권'을 행사하는 일이다. '자기 결정권'이란 스스로 설계한 삶을 옳다고 믿는 방식으로 살아가려는 의지이며 권리이다.

〈어떻게 살 것인가〉, 유시민

K_사소한 약속이라도 실천이 어렵습니다. 자기와의 약속일뿐인데 세 가지 약속을 단 한 번도 어긴 적 없었습니까? 그 약속을 알고 있는 사람이 있었습니까?

P_아내가 알고 있었을 것입니다. 저는 약속을 지키려 노력했었고

지켜냈다고 자부합니다. 저 자신과 타협하지 않았습니다. 남을 의식하지 않았고 남의 기준에 저를 가두지도 않았습니다. 제가 한 약속을 지키지 못했다면 실패했을지 모릅니다. 끝까지 현장을 지킨 것과 은행의 문턱을 넘지 않은 것은 저 자신과의 약속을 지켜낸 것입니다.

K_약속하기도 중요합니다. 하지만 더 중요한 것은 약속한 것을 독하게 지켜내는 것입니다. 사장님이 은행에 의존하지 않은 것, 즉 은행 대출을 받지 않으신 것은 일반적인 회사에서는 찾아볼 수 없는 사례입니다. 있을 수 있는 일입니까?

P_있을 것입니다. 빚이 없거나 은행 대출을 받지 않는 기업이 있지 않겠습니까? 결국 준비에 대한 결과이며 관리에 대한 노력이라 생각합니다. 큰 욕심을 버리고 최선을 다해 준비하고 관리해야 합니다.

K_건설회사 사장은 건축 영업이나 대외적인 부분에 치중해야 하는 것 아닙니까? 현장의 품질 관리를 위해서는 관리자를 두면 된다고 생각합니다. 건축 영업이 제일 중요하지 않습니까?

P_그렇게 해도 됩니다. 하지만 저는 그렇게 하고 싶지 않았습니다. 건축 영업을 목적으로 술 마시고 저녁 먹지 않았습니다. 건축 영업은 접대하고 사람 만난다고 다 되는 것이 아닙니다. 그것은 일반적으로 누구나 하는 방식일 뿐입니다. 저는 남들처럼 영업하지 않습니다. 현장관리자(책임자, 소장, 간부직원 등)를 두어도 됩니다. 현장이 많을 경우는 그렇게 할 수 있습니다. 물론 현장관리자가 양질의 품질을 만들어 낼 수 있어야 합니다.

K_건축 영업과 영업 전략은 중요한 사항입니다. 뒤에서 더 자세하게 이야기 하겠습니다. 현장도 중요하지만 사장의 일이나 역할이 따로 있습니다. 현장관리자를 두는 것이 당연하다고 생각합니다. 혹시 믿을만한 관리자가 없었습니까?

P_아닙니다. 현장관리자를 두고 저의 노력을 더하는 것입니다. 관리자는 현장에서 철저하게 사람을 통제하고 지휘 감독해야 합니다. 공사기간도 지키면서 하자가 없는 품질 높은 건축을 할 수 있어야 합니다. 성실하고 믿을 수 있는 관리자도 많았습니다. 관리자를 믿지 못하는 것이 아니라 사장(경영자)도 현장을 챙겨야 합니다. 사장도 기술적인 능력을 갖추고 건축 품질을 높이기 위해 전력투구해야 합니다. 건축 영업은 식사나 술을 접대하는 것이 아니라 건축 품질을 높이는 것입니다.

K_대부분의 경영자는 직원, 관리자에게 기술적인 부분, 현장의 일을 맡겨 두는 것이 일반적입니다. 사장님은 다르시군요. 사장도 건축의 품질을 높이기 위해 직접 나서서 챙겨야 한다는 뜻입니까?

P_물론입니다. 하지만 말처럼 건축 품질을 높이는 것이 쉽지 않습니다. 남들과 달라야 하며 구체적인 전략과 실천이 있어야 합니다. 일에 대한 남다른 시각과 노력, 실행 계획(Action plan)이 필요합니다.

작은 성공도 최선을 다한 결과이다

K_이제까지 사장님만의 약속에 대해 이야기 했습니다. 제가 사장님의 세 가지 약속을 나름대로 해석해 보는 것이 어떨까요? 첫 번째 약속, 현장을 지키신 것은 건축 하자를 없애기 위한 노력이며 좋은 건축을 하기 위한 것입니다. 건축주와의 약속, 건축 품질에 대한 약속을 지키기 위한 행동입니다. 웬만한 건설회사는 '은행 소유'라는 자조적인 농담도 있습니다. 그런데 두 번째 약속, 은행 대출을 받지 않으신 것은 타인 자본이 아니라 자기 자본으로 사업을 한 것입니다. 그것으로 인해 외부 요인에 영향 받지 않고 안정된 사업을 하셨습니다. 더불어 자기 자본, 자금의 힘이 건축주, 하도급자와의 신뢰 형성에 도움이 되었습니다. 세 번째 약속, 자기 관리에 철저하신 것은 건축 품질에 대한 약속을 지키기 위한 것이며 품질에 대한 욕심 때문입니다. 이것도 일반적인 건설회사 사장과 다른 행태입니다. 남다른 행위가 좋은 이미지로 자리 잡아 주변 사람들에게 신뢰감을 주었습니다. 세 가지 약속에는 긴밀하게 연관된 고리가 있는 것 같습니다. 앞에서 살펴본 한보건설의 경우와 반대되는 사업 구조와 방식으로 사장님은 건설업을 성공적으로 마무리 하셨습니다.

P_대단하지 않은 것을 좋게 해석해 주시는군요. 김 박사님 같이 긍정적으로 생각해 주는 사람이 있을까요?

K_사장님의 약속은 자기와의 약속, 건축주와의 약속, 건축 품질에 대한 약속입니다. 모두 좋은 건축을 하기 위한 의지입니다. 남다른 행태이며 원칙이라 생각합니다. 약속의 핵심은 고객이며 품질입니다.

그렇지 않습니까?

P_그렇습니다. 건축을 하는 궁극적인 이유이자 의미입니다.

세 가지 약속의 의미와 결과

약속	의미	결과
첫 번째 약속 : **현장 중심 경영**	· 건축 하자 및 부실 최소화 → 품질 향상 · 건축주와의 약속 이행 · 건축 품질 향상	원만한 공정 관리 원가 절감(관리) 질 높은 품질 관리 하자 최소화(관리)
두 번째 약속 : **자기 자본 운용**	· 외부의 힘에 영향을 받지 않음 → 안정된 사업 추진 가능 · 건축주, 하도급업자와의 신뢰 형성	원만한 공정 관리 원가 절감(관리) 질 높은 품질 관리
세 번째 약속 : **자기 관리와 절제**	· 성실한 이미지 메이킹 → 신뢰 형성 · 약속 이행의 의지 표현 · 건축 품질 향상	원만한 공정 관리 질 높은 품질 관리 하자 최소화(관리)

K_어렵게 지켜진 약속일수록 더 빛나고 아름답습니다. 남들이 생각하면 보잘 것 없을지 모르지만 그 약속을 지키기 위해 부단히 노력하셨습니다. 사장님에 대해 진심으로 이해한다면 공감(Empathy)하는 사람이 많을 것입니다.

P_아닙니다. 많지 않을 것으로 확신합니다. 제가 하는 방식이 일반적이지 않기 때문에 제 이야기를 믿으려 하지 않을 것입니다. 이해하는 사람이 적을 것으로 추정됩니다.

K_솔직히 저는 사장님과 같은 분이 처음입니다. 보통의 건축인이 아니며 특별한 사람이라 생각합니다. 건축에 임하는 방식이나 태도는 누구나 다를 수 있습니다. 모든 주장과 생각, 경험은 상대적

인 것입니다. 어떤 것이 정답이라고도 할 수 없습니다. 예측하신 대로 믿는 사람이 많지 않습니다. 사장님에 대한 것을 친구나 지인에게 이야기 하면 대부분 믿지 못합니다. 거짓말이라는 사람도 있고 사기꾼이라는 사람도 있습니다.

P_(웃음) 그럴 것입니다. 그 사람들은 저를 이해하지 못할 것입니다. 건축하는 사람이 모두 저 같지 않으니까요? 사람마다 생각과 가치관이 다릅니다. 무엇이 정답이고 이상적이다 라고 단정하기 어렵습니다. 하지만 저는 다릅니다. 남들처럼 했다면 실패했을지도 모릅니다.

K_특히 건축은 더 그런 것 같습니다. 건축에는 정답이 없다고 합니다. 누구나 건축하는 방식이 다르고 경험도 다양하기 때문입니다. 또 건축하는 사람들은 자기만의 고집이 세고 자존심이 강한 편입니다. 자기만의 경험과 지식을 우선시 합니다.

P_이해합니다. 저도 알고 있습니다. 대부분의 건축인이 그렇다고 보시면 됩니다. 건축하는 사람들은 자기 기술, 직업에 대한 고집이 남다른 것 같습니다. 건축에 정답이 없을지 모르지만 스스로 정답을 만들어야 합니다.

K_앞에서 이야기 한 것처럼 저는 사장님께서 건설업 경영에 성공하셨다고 평가했습니다. 건설업 경영자로서 우리 사회의 훌륭한 롤모델(Role model)이 될 수 있다고 자신합니다. 사장님과 같은 사람이 많을수록 건축인에 대한 이미지도 개선될 것입니다. 하지만 일반인은 도대체 돈을 얼마나 벌었기에 성공했다고 하느냐 반문합니다. 성공 여부를 경제적인 잣대로 평가하는 것입니다. 돈을 얼마나 벌었는지 궁금해 합니다.

P_그래요? 그렇게 생각하는 사람도 있을 것입니다. 하지만 성공을 돈으로만 평가할 수 있습니까? 적은 돈을 벌었거나 빚만 없어도 성공했다고 할 수 있습니다. 저는 은행이나 타인에 대한 부채가 전혀 없습니다. 성공의 기준을 경제적인 측면으로 평가하는 것은 편협적인 사고입니다. 진정한 가치는 측정할 수 없습니다. 성공의 가치를 어디에 두느냐의 문제 아닐까요?

K_동의합니다. 저도 돈으로만 평가해서는 안 된다고 생각합니다. 경제적 측면, 돈을 얼마나 벌었는지가 성공의 기준이 될 수 없습니다. 경제적인 성공만이 성공이 아닙니다. 그렇다면 채무가 없는 것만 보아도 경제적으로 성공했다고 할 수 있습니다. 이미지가 좋은 것은 작은 성공이며 자기와의 약속을 20년 지킨 것은 큰 성공입니다. 하자 없는 건축을 위해 노력 하신 것도 모범적인 사례로 평가 받을 만합니다.

P_작은 성공도 최선을 다한 결과라는 사실만이 진실입니다. 저는 후회하지 않습니다. 성공이 아니라 실패라 해도 상관없습니다. 성공 했는가 아닌가는 자신의 마음이 결정합니다. 더 이상 아무것도 바라지 않습니다. 오직 제가 지어준 집으로 인해 건축주가 만족한다면 그것이 보람이고 성공입니다.

K_단순히 남과의 경쟁을 통한 성공만이 삶의 가치라는 것은 편협한 생각입니다. 자기만의 '자신다움'이 본연의 가치입니다. 작은 성공을 이루게 하는 것은 약속의 실천이라 생각합니다. 실천은 곧 시간이 누적되어 쌓인 결과입니다.

P_약속을 지키는 일보다 중요한 것은 없습니다. 실천은 대단한 노력과 의지력을 요구합니다.

K_그렇습니다. 로마인 이야기로 유명한 시오노 나나미(鹽野七生)는 '남자들에게'란 책에서 "자신이 하고 싶다고 생각한 것을 만족하게 해낼 조건을 갖춘 사람이라면 세상이 어떤 평가를 하든 행복한 남자다."라고 했습니다. 저는 이 말이 참 좋습니다. 저도 건축에 대해 공부하고 건축을 접해 온 기간이 25년 정도 됩니다. 하지만 사장님 같이 건축을 좋아하고 좋은 건축을 위해 노력하는 분을 만나지 못했습니다. 물론 우리 사회에는 건설업으로 큰 성공을 이룬 분도 있습니다.

P_경남 함안에도 크게 성공한 기업이 많습니다. 건설업으로 크게 성공하신 분도 있습니다. 성공의 의미는 각기 다르고 건축에 대한 접근 방법, 가치관도 다릅니다. 동일하게 평가하고 판단할 수 없습니다. 성공의 가치와 의미는 차이가 있습니다.

K_사장님은 사업을 무리 없이 지속해 온 과정이 성공이고 아무 탈 없이 마무리 한 것이 보상인 것 같습니다. 성공은 결과가 아니라 과정이라고도 합니다.

P_저는 저만의 확고한 신념을 가진 남다른 사람입니다. 남다르다는 것은 이상한 사람이라는 뜻도 됩니다. 이상한 사람이라도 상관없습니다. 확고한 신념을 가지고 남다르게 건축을 해온 것 그것만으로도 남다른 성공이라 생각합니다. 저는 실패하지 않았습니다. 남에게 피해준 적도 없습니다. 세 가지 약속을 120% 지키면서 20년간 건설업을 했습니다. 나름대로 최선을 다한 인생의 여정이었습니다.

주변 사람의 평가를 보면 그 사람을 안다

K_조금 다른 성격의 질문입니다. 사장님처럼 일하시면 같이 일하는 직원들이 힘들어 하지 않았습니까?

P_그렇지 않습니다. 직원은 손해 보지 않을 것입니다. 오히려 도움이 되거나 동기 부여가 되지 않을까요? 직원이 더 잘 할 수 있도록 도와주려고 노력했습니다. 저와 같이 오랫동안 일한 직원이 많았고 성실하게 일 잘하는 직원도 많았습니다. 개인의 자발적 의사에 의한 이직은 있었습니다만 좋지 않게 회사를 떠난 직원은 없었습니다. 현재 건설업 하는 사장도 있고 언제든지 그들과 소통하고 있습니다.

K_주변의 평가도 중요합니다. 주변 사람들은 사장님의 행태를 어떻게 평가하십니까?

P_그것은 오히려 김 박사님이 잘 아실 것 같습니다. 어떻습니까? 저를 주변 사람들이 어떻게 평가하는지 모르겠습니다. 저는 남들과 다투지 않았습니다. 같이 일해서 나쁘게 끝낸 적 없습니다. 약속을 지키며 하자 없는 건축을 하기 위해 모든 것을 바쳤습니다.

K_사람에 대한 평가는 대부분 양면적입니다. 좋게 평가하는 사람도 있고 그 반대인 경우도 있습니다. 하지만 사장님에 대한 평가는 좋은 편입니다. 칭찬 일색입니다. 욕하는 사람도 없습니다. 주로 '확실하다'는 말로 사장님을 평가합니다. 자기 관리와 품질 관리에 철저한 분으로 이야기 합니다. 철저하다 못해 지독한 분이라고 하는 사람도 있습니다. 고객의 기대치 이상으로 건축을 하니

더 이상 요구할 사항이 없다고 합니다. 무한 신뢰라고 할까요? 부실이나 하자로 인해 건축주에게 피해를 준 적 없고 남과 척을 지고 살지도 않으신 것 같습니다. 고객 만족을 실천한 것으로 판단됩니다.

P_다행입니다. 자기 선택에 대한 분명한 책임을 져야 합니다. 제가 선택한 인생이었으므로 인내하며 고독하게 건축만 했습니다. 남에게 피해 준 적 없습니다.

K_박성봉이라는 사람에 대한 믿음과 건축 품질에 대한 신뢰감이 높습니다.

P_그렇습니까? 감사한 일입니다.

K_오랫동안 지켜본 아내는 사장님을 어떻게 생각하십니까?

P_아내는 제 성격을 잘 압니다. 저를 항상 이해하고 응원해 주었습니다.

K_성공하신 분들 곁에는 항상 내조의 여왕이 있습니다. 사장님도 20년간 사업하실 수 있었던 것은 아내의 도움과 후원이 컸을 것 같습니다. 부정하지 않으시죠.

P_(웃음) 그렇습니다. 항상 아내의 지지와 이해가 있었습니다. 아내 자랑은 하지 않겠습니다. 아내도 일에 대한 끝맺음이 반듯합니다. 아내의 내조가 컸으며 많은 도움을 받았습니다. 아내 덕분에 사업이 잘 되었다고 생각합니다.(웃음)

가족과의 약속을 실천하다

아내와의 약속은 검소한 삶

K_가족은 희망입니다. 인생에서 가장 소중한 것은 사랑이며 가족에 대한 사랑은 그 어느 것보다도 위대합니다. 가족과의 약속도 언제나 지켜야 하는 것입니다. 건설업이라는 직업 특성과 사장님처럼 일하시면 가장이 집에 있는 시간이 절대적으로 부족했을 것 같습니다. 사업하신 동안 가족의 반응이나 가정의 분위기는 어떠했습니까?

P_좋았습니다. 가족은 제가 하는 사업을 이해해 주었고 모두 자기의 역할에 최선을 다 했습니다. 감사한 마음입니다.

K_아내는 회사의 직원이자 사업의 조언자이었습니다. 아내와의 특별한 약속은 있었습니까?

P_특별한 것은 없었습니다. 아내는 저의 일을 도와주었습니다. 회사가 크지 않았기 때문에 현장에서 벌어지는 일 외에는 아내가 경리, 서무, 세금 등에 대한 일을 보았습니다. 아내가 많은 부분을 처리했습니다.

K_많은 일을 하셨군요. 그럼 아내에게 월급을 주셨습니까?

P_당연히 주었습니다. 회사에서 중요한 역할을 했었고 사실 소소하게 경영 간섭도 했습니다.(웃음)

K_사업을 정리하셨으니 아내는 실직하신 것 아닙니까?(웃음) 아내와의 약속은 어떤 것입니까?

P_사업을 정리하니 아내와 형제들이 더 좋아했습니다. 아내와의 약속은 소박합니다. 사업을 해서 돈은 벌겠지만 항상 검소하게 살자고 부탁했습니다. 불편한 점이 많았지만 참고 살았습니다. 고맙게도 아내도 검소하게 살려고 노력했습니다. 장모님을 모시고 살았는데 26평의 작은 연립주택에서 여섯 식구가 13년을 살았습니다.

K_두 분 다 보통 사람은 아닌 것 같습니다. 건설회사 사장이니 얼마든지 큰 집을 지어 사실 수 있을 같은데요. 검소하게 살아오신 것도 본받을 만합니다. 사업하는 분은 검소하게 살기도 쉽지 않습니다. 결국은 가족과의 약속도 지키셨군요.

P_특별한 것은 없었지만 지켰습니다. 아내가 고생 많이 했습니다. 미안하기도 하고 고맙기도 합니다. 이제부터는 편안하고 즐겁게 살아야죠.

자녀와의 약속은 자기 일에 충실하기

K_아들이 셋이라고 하셨습니다. 자녀와 약속한 것은 무엇입니까?

P_아이들은 평범하게 자랐습니다. 두 아들은 대학에 가고 공부도 잘 했습니다. 저는 제 일을 열심히 했고 아이들도 자기 일에 최선을 다했습니다. 그것이 서로의 약속이라 할 수 있겠군요. 저와 아내는 자녀들에게 근검절약을 몸소 보여 주었습니다. 함안은 소도시이기도 하지만 농촌지역이 넓고 공업이 발달한 곳입니다. 아이들에게는 정기적으로 열리는 재래시장에서 구입한 옷을 입혔습니다.

K_사장님의 모습을 보면 근검절약이 몸에 배여 있는 것을 느낍니다. 아이들은 가정교육도 잘 되어 바르게 자란 것 같은데, 용돈도 많이 주고 더 잘 해주어도 되지 않습니까?

P_아닙니다. 자녀가 원하는 걸 다해주는 것이 잘하는 게 아닙니다. 부모가 돈이 있는 걸 알면 아이가 나태해집니다. 게을러져 부모에게 의지하게 되고 자기 할 일을 하지 않을 우려가 있습니다. 조심해야 합니다. 자녀는 부모를 보고 배웁니다. 부모가 절제하고 검소하게 사는 것을 보여 주어야 합니다.

K_근검절약도 좋지만 지나치게 사치하지 않으면 여유 있게 사셔도 된다고 봅니다. 자녀와 아내의 불만은 없었습니까?

P_없었습니다. 저는 사업을 하면서 모든 일을 아내와 의논했습니다. 한 눈을 팔아 본 적도 없습니다. 이기적일 정도로 건축만 열심히 했습니다. 그 때문에 아내가 힘들었습니다. 남들처럼 휴가를 가거나 여유 있게 쉬어 보지도 못했으니까요. 제가 바쁜 경우에는 아내가 대신 경조사를 다녔습니다.

K_요즘은 가정적인 남편과 아버지가 대세입니다. 사업하시는 동안 여름휴가나 여행을 가 보신 적 없습니까?

P_가족과 함께 가본 여행은 손으로 꼽을 정도입니다. 이젠 자주 갈려고 합니다. 최근엔 충북 제천과 지리산을 다녀왔고 가족과 함께 일본과 유럽도 다녀왔습니다. 우리나라의 좋은 곳도 가고 해외도 가려고 합니다.

건축 여행은 나를 돌아볼 수 있는 기회

K_겨울철은 건축의 비수기라 할 수 있습니다. 사장님은 해외 건축 여행을 많이 다녔다고 들었습니다.

P_네, 그렇습니다. 12월 중순부터 2월말까지는 일을 조정하거나 새로운 일의 시작을 봄으로 미룹니다. 이때는 공사 진행이 느리고 비용도 증가하기 때문에 일을 하지 않거나 최소한으로 일했습니다. 저에게는 이때가 휴식 시간입니다. 겨울철 비수기를 이용해 보름에서 1개월 정도 건축 여행을 다녔습니다. 유럽(이태리, 로마, 스페인, 독일), 러시아, 두바이, 미국, 캐나다, 호주, 일본 등 외국으로 건축 기행을 다녔습니다.

K_많이 다니셨군요. 여행은 삶의 활력소입니다. 건축 여행의 의미는 무엇입니까?

P_선진 건축을 배우고 공부하는 시간이며 재충전의 기회입니다. 건축 여행은 일상에서 벗어나 새로운 것을 보고 체험하는 학습의 시간입니다.

K_해외 건축 여행은 어디가 가장 좋았습니까? 추천하고 싶은 곳이 있습니까?

P_유럽을 추천하고 싶습니다. 특히 안토니오 가우디의 작품 여행을 권장합니다. 제가 젊고 가능한 일이라면 가우디 밑에서 5년 정도만 같이 일해 보고 싶습니다. 배울 점이 많은 훌륭한 건축가입니다.

K_가우디 건축을 보고 감동 받으셨군요. 저도 스페인의 보물이라 생각합니다. 가우디는 바로셀로나라는 도시를 예술의 고장으로 완성했습니다. 스페인 대사관에서 주최한 전시회에 갔다가 그곳에서 구입한 자료를 보고 알았습니다. 바르셀로나대학에는 가우디만 전문으로 가르치는 학과가 있다는 사실에 놀랐습니다.

P_가우디 작품은 현장에서 보고 느껴야 합니다. 너무나 배울 것이 많습니다. 장인정신, 거장의 숨결을 느낄 수 있습니다.

■ 성가족 성당(Sagrada Familia) 성당

안토니오 가우디가 설계한 스페인 바르셀로나에 있는 성당으로 1882년 착공 후 130여년이 흐른 지금도 공사 중이다.(2026년 준공 예정)

K_건축은 아는 것만큼 보인다고 하는데 역시 아는 게 많으신 것 같습니다.

P_아닙니다. 가우디 건축은 현장에서 오랫동안 느껴 보아야 알 수 있습니다. 많은 것이 숨어 있습니다.

K_일본에 자주 가시는 것으로 알고 있습니다. 일본의 건축을 어떻게 생각하십니까? 저는 일본에서 공부한 시절이 있는데, 오늘날의 현대건축은 일본의 세계적인 건축가에 의해 이끌려 간다고 느꼈습니다. 일본 건축의 힘은 축적된 건축문화에서 나옵니다.

P_건축만큼은 우리가 일본을 배워야 한다고 생각합니다. 좋은 건축문화나 선진 시공기법은 우리보다 한수 위라고 봅니다. 우리와 다릅니다.

K_일본의 건축 환경은 우리나라와 비슷하기도 하고 다르기도 합니다. 일본 건축에서 어떤 점을 배워야 할까요?

P_일본 기술자들은 일을 대충하지 않습니다. 작은 것 하나까지 일에 대한 계획성과 섬세함, 정교함이 우리보다 앞선다고 봅니다. 우리나라의 현장기술자는 설계도면과 시방서에 의거하여 건축하기 보다는 자기의 경험과 기술에 의존하는 경향이 강합니다. 그렇게 하면 좋은 건축이 될 수 없습니다. 그리고 학교에서 배웠던 건축시공 관련 책들은 대부분 일본 책을 번역한 것입니다. 건축기술의 내용과 방식, 용어는 일본에서 들어온 것으로 생각됩니다. 이것을 우리의 것으로 바꾸어야 합니다.

■ 일본 후쿠오카 거리
정교하게 시공되어 처짐이 없는 보도블록과 타일

K_이제부터는 좀 더 구체적인 건축이야기, 건축하기 전에 만나야 할 건축주와 시공자, 설계도면 검토, 계약, 건축 영업 등에 대해 이야기 해 볼까요?

P_할 이야기가 많습니다. 건축주와 설계도면 검토부터 이야기 하시지요.

두 번째, 건축주와의 약속

"멋진 집을 짓는 일은 생애 최고의 기쁨이다."
-토머스 제퍼슨(Thomas Jefferson)-

좋은 건축주와 만나다
설계도면검토가 시공의 핵심이다
계약은 구속력 있는 약속이다
경영자의 기본은 좋은 인간성이다
좋은 건축은 시공사 선정에 달려있다
건축영업이 건설업의 핵심인가
건축품질은 수주로 이어진다
공사비 정산은 깨끗하고 투명하게

두 번째, 건축주와의 약속

좋은 건축은 좋은 건축주, 설계자, 시공자 공동의 것이다. 건축의 가치는 공공선이며 건축주와 사용자를 만족시키는 것이다. 이것이 건축의 미덕이다. 건축주는 건축 수요의 주체이며 강력한 고객이다. 건축인은 건축의 본질을 추구해야 하고 사회적 책무를 다해야 한다.

좋은 건축주와 만나다

건축주와 소통하기

K_시공자는 고객과의 약속도 지켜야 합니다. 그 약속은 함께 걸어가는 동반자가 되겠다는 것입니다. 변하지 않는 약속이어야 합니다. 사장님은 그 동안 많은 건축주를 만나셨습니다. 건축주는 자본을 투자하여 건축을 시행하는 발주자이며 시공주이기도 합니다. 건축주는 어떤 사람이라고 생각하십니까?

P_처음의 약속을 망각하는 것이 문제입니다. 건축주는 자본을 가진 건축의 수요자입니다. 건축이 사회적인 성격을 띠는 것처럼 건축주도 사회적 요소라 생각합니다. 설계자나 시공자에게는 고마운 사람입니다. 건축에 대한 필요가 건축 행위를 유도하고, 필요는 건축주로부터 나오며 설계와 시공이라는 필수적인 과정을 거칩니다. 건축주는 건축이라는 수요를 창출하는 동기유발 주체라 할 수 있습니다.

K_건축주는 건축에 대한 결정권을 갖습니다. 건축가 이재인은 건축주를 '건축적 가치를 필요로 하는 개인 또는 단체이며, 건축 비용

을 지불하고 건축물을 제공받는 클라이언트(Client)로서의 소비자'로 정의합니다. 건축주는 건축의 수요를 이끌며 좋은 건축을 하기 위해 아주 중요한 존재입니다. 좋은 건축주를 만나는 것은 행운입니다.

P_그렇습니다. 건축주는 비전문가이지만 건축주의 사고방식이나 지식, 능력, 경력은 건축의 질을 결정짓는 중요한 사람입니다.

K_민간공사에서 건축주는 개인입니다. 소비자인 건축주가 무엇을 원하는지 파악하는 것이 가장 중요합니다. 건축주의 요구 사항을 어떻게 파악하십니까?

P_건축주가 이해할 때까지 인내심을 갖고 의사소통(Communication)해야 합니다. 일반적으로 건축주는 건축에 대해 잘 모르는 문외한이라 생각하면 됩니다. 가능하다면 시공자는 설계 과정부터 참여하여 건축주와 같이 고민할 것을 권장합니다. 건축에 대해 모른다고 해서 건축주를 무시해서는 안 됩니다.

K_소통(疏通)은 '마음을 움직이는 말의 힘'이라고 합니다. 건축주는 대지와 용도, 구조, 설비, 공사기간, 예산과 같은 각종 조건을 구체적으로 제시하는 것이 좋습니다. 설계 및 시공 내용에 대해 건축주를 어느 정도까지 이해시켜야 합니까?

P_건축주와의 만남은 건축에 대해 대화할 수 있는 좋은 기회입니다. 시공자의 태도와 생각, 자기 면모를 보여주어야 합니다. 건축주는 대개 건축에 대한 기초 지식이 부족한 편입니다. 그러므로 시공자는 쉽게 설명하고 최대한 노력해서 이해시켜야 합니다. 재료에 대한 것은 샘플을 보여주고 설명하는 것이 좋습니다. 공장

인 경우는 기계 위치나 작업 방법을 현장을 찾아 확인하여 논의하고, 그림을 그려서라도 이해를 도와야 합니다. 유사한 건축물을 답사하는 것도 좋은 방법입니다. 건축주의 이해가 수반(隨伴)되어야 건축이 원만히 진행됩니다.

K_일반적으로 설계 완료 후 시공자와 접촉합니다. 하지만 설계초기에 만나 논의하면 장점이 많을 것입니다. 건축행위 주체인 건축주와 기술 주체라 할 수 있는 시공자와의 소통은 어떻게 하십니까?

P_원칙은 설계내용(도면)을 중심으로 대화를 이어갑니다. 민간공사의 경우 건축주는 설계를 마치고 견적 입찰을 통해 시공자를 선정합니다. 그렇게 하기 보다는 미리 설계 할 때부터 시공자를 만나 자주 미팅을 갖고 협의하는 것이 합리적입니다. 그래야 상호간의 소통이 쉽고 시공자는 건축주의 의견이나 요구 사항을 파악하기 쉽습니다.

K_계약 전에 견적 과정을 거칩니다. 견적은 설계도면의 내용을 공사비로 산정한 것입니다. 건축비(공사비)의 문제를 건축주와 어떻게 조율하고 결정하십니까? 건축주에게 제안한 견적서대로 계약하기 위해 어떠한 요소를 강조하십니까?

P_시공자는 건축주의 입장에서 제반 사항을 검토하고, 견적 내용을 이해시키기 위해 최선을 다해야 합니다. 치밀하게 설계 도서를 검토하여 정확히 산출한 공사비, 견적 내용을 솔직하게 설명하는 것이 좋습니다. 저는 논란의 소지가 있는 것은 가려내어 명확하게 정리하여 강조합니다.

K_시공과정은 복잡합니다. 건축주가 시공 과정에 대해 어느 정도의 지식을 갖추어야 할까요? 어떤 자세가 좋을까요?

P_건축주도 집을 짓기 위해서는 건축에 대한 기초적인 지식을 공부할 필요가 있습니다. 아는 것이 많으면 이해가 쉽습니다. 건축주는 행복한 마음을 갖고 집이 지어지는 과정을 즐겨야 합니다. 건축주가 선택한 시공자라면 믿는 것이 좋습니다. 감시나 불신의 눈으로 본다면 건축주 입장에서는 괴로울 수밖에 없습니다.

건축주와 신뢰 쌓기

K_신뢰 쌓기도 쉽지 않습니다. 건축주는 자기의 말을 잘 들어주고 필요한 것, 바라는 것을 세심하게 챙겨주는 시공자를 좋아할 것입니다. 건축주와의 신뢰를 쌓는 것이 중요하리라 봅니다. 신뢰를 쌓을 수 있는 방법은 무엇이며 어떻게 처신하는 것이 좋습니까?

P_성심과 성의를 다해야 합니다. 그 자세의 열매는 신뢰입니다. 시공자는 진정성을 보여주어야 하며 말과 행동이 일치되어야 합니다. 바른 말과 행동이 건축주 마음의 문을 열게 할 수 있습니다. 시공자는 건축주와 충분히 의견을 교환하고 착공 전에 설계와 시공내용에 대해 충실히 설명해야 합니다. 건축주가 신뢰를 한번 가지면 시공자를 믿게 됩니다. 한번 가진 믿음은 쉽게 변하지 않습니다. 하지만 시공자는 그 믿음이 지속되도록 해야 하고, 시공과정에서 건축주가 요구하는 사항도 긍정적으로 검토하여 처리해야 합니다.

K_건축주와의 신뢰를 강조하셨습니다. 표현이 적절한지 모르겠습니다만 건축주에 대한 지나친 저자세는 바람직하지 않습니다. 시공자나 설계자는 건축주의 하수인이 아니라 건축의 직접적인 주체입니다. 건축주와 시공자가 종속적인 관계에 놓여서는 안 됩니다. 건축주는 이들을 존중해야 합니다.

P_물론입니다. 종속적인 관계가 아니라 평등한 관계가 되어야 합니다. 그러나 시공자의 저자세는 문제되지 않습니다. 저자세라는 말보다 친절함이나 건축주에 대한 존중이란 말이 맞겠죠? 물론 과도한 친절이나 자기 자랑은 자제해야 됩니다.

K_공자는 이렇게 말했죠. "사람에게 신의가 없다면 미래 가능성이 없다(人而無信 不知其可也)." 순자 또한 "땅을 넓히는 것은 힘써 신의를 높여가는 것만 못하다(益地不如益信之務也)"고 강조했습니다. 짧은 안목으로 경제적 이득만을 취하고자 하는 이는 신뢰를 잃어 생명력이 없다는 충고지요. 따라서 신뢰에는 '노력'과 '성의'가 절대적으로 필요합니다. 신뢰는 고르는 문제가 아니라 쌓아가는 것입니다. 진정성은 건축주와 시공자 쌍방향으로 흘러야 합니다. 그래야 상호 신뢰가 생기지 않을까요?

P_건축하는 것이 목적이라면 친절한 마음, 겸손한 마음, 존중하는 마음, 배려하는 마음을 가져야 합니다. 시공자의 진정성 있는 행동이 건축주에게 믿음을 주거나 선택의 기준이 됩니다. 오히려 너무 똑똑한 사람에게 일을 주지 않는 경향이 있습니다. 조금 부족해 보여도 신뢰가 가거나 끌리는 사람에게 일을 줍니다.

K_동의합니다. 자기 자랑이 지나치거나 너무 똑똑한 티를 내는 사람에게 신뢰가 가지 않습니다. 하지만 건축주에 대한 이해와 배려가 바탕이 되어야 합니다. 건축주를 순수한 소비자이자 고객으로 대해야 한다는 것입니까?

P_건설업은 서비스업이기 때문입니다. 건축주 요구(Needs)를 만족시키지 못하면 시공자로서 실패했다고 볼 수 있습니다. 시공자의 궁극적인 욕망은 돈, 경제적 이익이겠지만 시공자와 건축주의 신뢰는 돈 보다 더 중요합니다. 서로 이해하는 입장이 되면 공사하는 동안은 잔치 분위기입니다. 하나라도 더 해주고자 서로 노력합니다. 이런 모습이 아름다운 관계입니다. 집은 신뢰로 짓는 것이 가장 바람직합니다.

건축업은 저주이다

건축을 자신의 업으로 택하려면 축복만을 꿈꿀 수는 없다. 오히려 각오해야 할 것이 적잖다. 이른바, '건축업의 저주'라고 내가 일컫는 것이다.

한데, 유독 건축업에서 '저주'라는 말까지 붙이는 것은, 정말 더럽고 치사하고 불합리하고 한심하고 분노스러운 일들이 허다하기 때문이다. 내가 이른바 ㅂ자 돌림병'이라고 부르는 '부정, 부패, 비리, 부실, 그 외에도 부조리, 비합리'같은 악성 돌림병이 만연하는 업이 건축업이다. 게임의 룰 자체가 공정치 못한 경우가 너무도 많은 것이다.

두 가지 근본적인 이유가 있다. 하나는 '건축물이란 땅이라는 유한한 존재 위에 세워지는 유일무이한 존재'이기 때문이다. 유일무이의 존재를 창조한다는 것이 멋지게 보이지만 바로 이 점에서부터 저주가 시작된다. 건축은 땅을 소유한 자. 또는 땅을 주무르는 자들의 '주문'에 의해서 시작되는 대상인 것이다. '건축은 건축주의 수준을 반영한다'라는 말은 바로 이 때문이다. 건축인들은 공부와 훈련을 통해 얻은 전문적인 깨달음을 제공하는 전문가이지만, 근본적으로 '을'이 되는 운명을 벗어날 수 없는 것이다.

다품종 소량생산의 경우 일단 소비자의 선택을 가늠해서 물건을 제작하므로 만드는 사람들의 기획력이 돋보일 수 있다. 제작의 위험부담이 만만치 않지만, 위험을 줄이고 위험을 분산시킬 수 있는 다양한 방법들을 쓸 수 있다. 그러나 건축은 '주문'이 있기 전까지는 본격 액션을 하기 어렵다. 자본가나 권력자들뿐 아니라 건설회사나 개발회사들이 큰 파워를 휘두르는 것도 그들이 위험에도 불구하고 커다란 수익을 꿈꾸며 '갑'으로 행세하기 때문이다.

그래서 다른 하나는, 건축은 자본과 권력에 의해 휘둘리는 경우가 적잖다는 결과를 낳는다. 이 세상에 권력과 자본에 무관한 것은 없지만, 건축은 유일무이성이라는 속성상 훨씬 더 권력과 자본의 종속변수로 작동한다. 도시는 더하다. 도시 공간이란 자칫 선거로 힘을 획득한 정치인들의 왜곡된 욕망에 의해 좌우되고, 정치 권력과 결탁한 개발자본이 호시탐탐 탐욕의 기회를 노리는 공간이 되어버린다. 이런 과정에서 건축인들은 만년 '을'로서 권력의 시녀, 자본의 하수인으로 전락할 위험이 크다.

〈왜 공부하는가〉, 김진애

K_철저하게 경제 논리를 따라 행동하는 인간상을 말하는 '경제적 인간(Homo economicus)'이란 말도 있습니다. 사장님의 말씀은 건축주와의 신뢰가 무엇보다 중요하다는 것입니다. 신뢰감, 믿음은 쉽게 생기지 않으며 어떤 계기가 필요합니다. 시공자가 갖추어야 할 자세는 무엇입니까?

P_시공자의 정직한 시공과 성실한 자세가 건축주에게 신뢰감을 줄 수 있습니다. 믿음도 생기게 만듭니다. 건설업은 서비스업이지만 농업과 유사합니다. 농사를 짓는 농부와 같은 마음가짐이 필요합니다. 씨를 뿌리고 열매를 맺을 때까지 관리를 소홀히 하면 풍작을 기대하기 어렵습니다. 또 예상하지 못한 풍수해가 있듯이 예상하지 못한 일이 발생될 수 있기 때문에, 항상 위험을 예방하는 자세가 필요합니다. 집은 농부의 자세로 지는 것이 좋습니다.

K_시공자는 건축 품질에 대한 약속(책임)과 건축주와의 약속을 소중히 생각해야 합니다. 사회적 책임도 져야 합니다. 근본적으로 자기 자신에 대한 성실성이 요구되는 것 아닙니까?

P_그렇습니다. 시공자는 건축에 대한 무한 책임감을 가져야 합니다. 집은 누구나 평생에 한 번 갖는 중요한 개인적 재산입니다. 한번 지어 놓으면 싫든 좋든 부술 때까지 많은 사람이 바라보고 이용하는 사회적 재산입니다. 시공자는 완공한 이후 이용할 사람에 대한 배려와 관심을 가져야 합니다. 이용자는 그 속에서 행복을 누려야 하고 삶을 아름답게 채워가야 하기 때문입니다.

K_하버드대의 프랜시스 후쿠야마(Francis Fukuyama) 박사는 '신뢰(Trust)'라는 책에서 "사회적인 신뢰 수준이 낮을수록 사회적으로

지불해야 할 비용이 커진다."라고 했습니다. 일상에서 맡은 어떤 역할이든 항상 일관되려는 노력을 서로가 함께 할 때, 사회적인 신뢰와 신용을 높일 수 있다고 합니다.

P_그의 말처럼 신뢰는 서로 노력해서 쌓아가는 것입니다. 건축주와 시공자의 신뢰와 믿음이 전제(前提)되어야 합니다. 그래야 긍정적인 에너지를 모으고 비용도 절감하여 경제적으로 좋은 건축을 할 수 있습니다.

K_신뢰의 말씀을 하시니 김옥길 기념관을 설계한 건축가 김인철의 이야기가 생각납니다. 이 건물을 지을 때의 이야기입니다. 건축주인 김동길 박사는 시공이 한창일 때 기념관이 어떻게 되어 가는지 궁금해 현장에 두 번 가보았다 합니다. 시공자에게 부담을 주지 않기 위해 새벽에 몰래 갔었다는 것입니다. 건축주가 일을 맡긴 이후에는 간섭하지 않았고 시공자를 전적으로 믿었습니다.

P_훌륭한 건축주라 할 수 있습니다. 사람은 신뢰가 있어야 모든 것을 믿고 맡깁니다. 시공자와 설계자에 대한 배려와 신뢰가 깔린 행동이며 좋은 사례라 생각합니다. 건축주가 현장에 오는 것을 꺼려할 이유가 없습니다.

김옥길 기념관 이야기

이 기념관은 교육자이자 이화여대 총장을 지낸 고(故)김옥길 교수를 기리는 집이다. 건축면적 18평(62.64㎡)인 작은 공간은 투박한 ㄱ자 노출 콘크리트 벽에 의해 구획되어 있다. 벽 사이사이에는 유리 한 장이 창틀도 없이 끼워져 있다.

이 건물은 어떻게 보면 벽(wall)이라는 건축적 요소만으로 모든 것을 구축했다는 생각이 든다. 창(window)도 벽에 인위적으로 만들었다기보다는 벽과 벽사이의 사이 공간 속에 자연스럽게 형성되었다. 마찬가지로 지붕도 벽의 연장을 통해 이루어져 있다. 이처럼 김옥길 기념관은 지금까지 해오던 구축의 방법과는 매우 다른 방법으로 디자인되었다.

1996년 김인철이 설계하여 공사 중인 연희동주택 현장에 김동길 박사가 다녀가셨다 한다. 현장이 마침 김동길 박사가 자택 근처라 지어지는 과정을 매일 유심히 보아온 모양이다. 김동길 박사가 보자고 하셨다. 김 박사가 살고 있는 집의 마당에 찻집을 만들려고 한다며, 작은 것도 하는가? 라고 물었다. 크고 작고 괘념치 않는다고 했더니, 그럼 설계비는 얼마를 받는가? 다시 물었다. 작더라도 1,000만원은 되어야 한다고 했다. 그럼 통장번호를 주게 하며 설계를 주문했다.

한 달이 훌쩍 지나 생각을 정리하여 그린 도면과 모형을 가지고 김 박사와 만났고 가져간 것을 펼치고 설명하려 하자, 김 박사는 손을 내저으며 나는 들어도 몰라요. 근데 본인 마음에 들어요? 라고 물었다. 그렇다고 하자. 됐어요. 그럼 짓기로 하지요. 김 박사는 악수를 청했다. 예상 공사비를 이야기 하자 알았다고 하며, 100년은 가는 집을 지어야 해요. 알았지요? 라고 다짐을 받았다.

공사가 진행되는 동안 김 박사는 물론 누구도 현장을 기웃거리지 않았다. 간섭하지 않을 테니 알아서 하라는 뜻이었다.

〈공간열기〉, 김인철

■ 김옥길 기념관
이 건축물은 1998년 한국건축문화대상, 한국건축가협회상 등을 수상했다.

K_건축주의 현장 방문을 어떻게 생각하십니까? 자주 오면 당연히 현장관리자는 좋아하지 않겠지요?

P_저는 그렇게 생각하지 않습니다. 자주 오는 것은 관심이 있기 때문입니다. 현장에 가보는 것이 건축주 개인적으로 건축하는 하나의 방법입니다. 현장을 보여주지 못할 이유가 없습니다. 보이지 않는 부분까지 완벽하게 해야 하며 내 집 이상으로 만들겠다는 각오로 임해야 합니다.

시공자에 대한 사회적 편견

K_좋은 집을 짓기 위해선 좋은 건축주, 좋은 설계자, 좋은 시공자가 모두 자신의 일에 충실해야 합니다. 하지만 무엇보다도 중요한 건 집을 지으려고 하는 사람, 그 집에서 삶을 이어갈 사람, 건축주입니다. 사용자를 외면한 건축은 진정한 건축이라 할 수 없습니다. 그래서 좋은 건축주가 좋은 집을 만든다고 이야기합니다.

P_맞습니다. "건축도 건축주와 다름없다."라는 말처럼 건축주의 생각이나 안목이 중요합니다. 다양한 분야의 경험을 쌓아온 건축주는 편리하고 좋은 집을 짓는데 있어, 시공자와 같이 중요한 역할을 합니다. 양쪽 모두 제 역할을 해내는 과정에서 건축주와 시공자 사이에 공감대가 형성됩니다.

K_집을 짓는 데에는 현실적 요구와 조건, 개인적인 미의식 등이 복잡하게 얽혀 있습니다. 까다로운 건축주는 시공자가 아무리 잘하려고 해도 어렵습니다. 건축주의 요구사항은 지나치게 많고 수시로 변합니다. 이런 건축주를 만나면 시공자는 힘들어집니다.

P_물론, 그런 경우도 있습니다. 하지만 시공자는 건축주의 입장에

서 생각하고, 전향적인 마음으로 까다로운 요구 사항도 충족시키면 문제될 것이 없습니다. 시공과정에서 변경될 수 있는 내용은 설계도면을 꼼꼼하게 검토하여 착공 전, 그 내용을 분명히 정리해야 합니다. 이를 통해 시공과정에서 변경될 수 있는 사항을 최소화하거나 없애야 합니다. 시공자가 제일 중요하게 해야 할 일입니다.

K_조금 다른 성격의 질문입니다. 팬택의 박병엽 전 부회장은 "(소비자) 편견이 가장 힘들다."고 합니다. 제품은 자신 있는데 마케팅과 브랜드 파워에서 밀린다는 것입니다. 이 말은 핑계로 들릴 수도 있지만 사실 누구도 말하지 않는 불편한 현실이자 진실입니다. 건설업을 해 오시면서 브랜드 파워에 대한 편견을 받아 보신 적 없습니까?

P_없습니다. 건설업을 하면서 회사의 브랜드 파워에 밀려서 수주를 못한 적 없었습니다. 사람의 본질을 보고 평가하는 것이 아니라 배경이나 학벌만 본다는 말입니까?

K_네, 사람을 평가하고 판단할 때 본 모습을 보고 평가하는 것이 아니라, 학벌이나 배경을 보고 판단한다는 것입니다. 아직도 우리 사회에는 잘못된 편견이 많습니다. 특히 학벌 중심 관행이 심합니다. 사장님은 명문 대학을 나오지도 않았고 대규모 건설회사에서 건축 수업(修業)을 받지도 않았습니다. 솔직히 내세울만한 자산, 즉 학벌이나 배경, 경험이 없다고 할 수 있습니다.

P_그런 편견에 동의하지 않습니다. 편견은 잘못된 사고이며 바르지 못한 것입니다. 저에게는 특별한 자산(資産)이 없지만 저만의 자

산은 있습니다. 제가 만났던 분들은 그렇지 않았습니다. 사회적 편견은 있겠지만 현명한 건축주와 소비자는 배경이나 학벌을 보지 않습니다. 좋은 시공자를 알아봅니다. 그런 분들이 의외로 많다는 사실이 중요합니다.

K_일본의 존경받는 CEO 무네쓰구 토쿠지(宗次德二)는 '진심'이라는 책에서 "세상이 이야기하는 경영 자원이라는 것, 예를 들면 사람, 사물, 돈, 경험, 지식, 신용, 학력, 능력, 사교성, 친구, 선배, 리더십, 카리스마 등 경영에 필요한 것처럼 보이는 것들은 어중간하게 있는 것보다 차라리 없는 것 더 낫다."고 합니다. 경영 자원이 없는 경우 사업 시작 후 2, 3년은 힘들 수 있지만 그것은 조금씩 축적되어 가는 것입니다.

P_맞는 말입니다. 모든 것을 갖출 수 없습니다. 남에게 의지해서는 안 되며 자신만 믿어야 합니다. 자신만의 선량한 인간성, 따뜻한 인간미, 올바른 태도와 마음가짐으로 승부해야 합니다.

K_어떤 작가는 '태도'가 무엇이냐는 독자의 질문에 "수많은 풍경 중에서 자신만의 풍경을 발견하고자 노력하는 것, 그리고 그것을 자신만의 문장으로 옮기고자 분투하는 것"이라 합니다. 태도는 자기만의 기준을 만족시키기 위해 노력하고 분투하는 것이라 생각합니다.

P_자기의 의지와 끈기, 긍정적 자세와 인내하는 마음가짐이 태도가 아닐까요?

K_저는 사장님의 일에 대한 자세와 건축에 대한 태도가 마음에 와 닿습니다. 하지만 사회적 배경이나 경영 자원은 사업에 있어 매우 중요한 요소입니다. 자신만의 경쟁력이 될 수 있지 않습니까?

P_그와 같은 것이 중요하지 않다는 것이 아닙니다. 제 경험으로 볼 때 개인적 기술(능력)과 자신에 대한 믿음, 성실한 태도가 더 중요하다는 것입니다. 건축에 대한 태도에 따라 결과가 달라집니다. 품질은 건축을 어떻게 생각하느냐에 따라 차별화됩니다. 남에게 기대거나 의지하는 것은 바람직하지 않습니다.

K_일본의 세계적인 건축가 안도 타다오(安藤忠雄)는 정규 건축교육을 받지 않았습니다. 독학으로 공부한 권투 선수 출신 건축가입니다. 그의 건축은 여행을 통해 독학한 것이 전부라 할 수 있습니다. 사실 건축물을 만든 사람의 출신 성분과 건축의 품질은 직접적인 관계가 없습니다. 하지만 우리 사회에는 학벌이나 배경에 대한 편견이 존재합니다. 건축인으로서 사장님만의 장점은 무엇이라 생각하십니까?

P_그렇게 물으시니 부끄럽습니다. 장점이라 할 수 있는 특별한 것은 없지만 사업에 대한 선행 경험과 성실성, 꼼꼼함, 끈기라 할 수 있습니다. 새로운 일을 잘 만들지 않지만 무슨 일이든지 한번 시작하면 열정을 가지고 최선을 다합니다. 그래야 직성이 풀리는 성격입니다.

K_네, 맞습니다. 사장님은 무슨 일이든 '일에 대한 자세'가 남다르십니다. 또 일하는 방법을 아시는 것 같습니다. 흔히 말해 '일머리가 트인'사람인 것 같습니다. 성실은 어디에나 통한 유일한 무기죠.

P_불성무물(不誠無物)이란 말처럼 정성을 다하지 않으면 아무것도 이룰 수 없습니다. 채소를 가꾸는 일도 건축 현장 일과 똑 같습니다.

K_무슨 말씀입니까? 앞에서도 건설업과 농업이 유사하다고 하셨는데요.

P_채소 같은 식물도 돌보지 않으면 잘 자라지 않습니다. 물도 주고 풀도 뽑아 주어야 합니다. 지속적으로 관리하지 않으면 좋은 성과를 얻을 수 없습니다. 시간과 정성을 들여야 합니다. 건축 일도 그렇습니다. 최선을 다해 관리하고 정성을 쏟아야 좋은 품질의 건축을 수확할 수 있습니다.

K_적절한 비유입니다. 염전의 소금도 저를 찾아오는 사람 발소리 때문에 큰다고 합니다. 저는 사장님이 집안일 하시는 걸 보고 매우 놀랐습니다. 한편 부러웠습니다. 사장님이 일하시는 것을 보면 빈틈이 없고 일의 속성을 잘 아시는 것 같습니다. 웬만한 주부 이상이고 시원찮은 주부는 울고 갈 정도이던데요.

P_채소는 제가 유기농으로 재배한 것을 주로 먹고 가게에서 사먹지 않습니다. 집안일은 어릴 때부터 보아온 것이라 잘 할 수 있습니다. 제 성격에 섬세한 면이 있어서 집안일도 잘 맞는지 모르겠습니다.(웃음)

K_이야기가 약간 다른 방향으로 흘렀습니다. 다음에는 설계와 설계도면에 대한 이야기를 해 보겠습니다.

P_네, 그러시죠.

설계도면 검토가 시공의 핵심이다

설계의 정확성과 경쟁력 기르기

K_건축설계는 건축주와 설계자 의도를 도서(圖書)로 표현하고 그 의도를 건축시공에 인도하는 행위입니다. 설계 목적은 시공 기능을 만족시키는 데 있다고 볼 수 있습니다. 즉 설계는 시공을 위한 행위라는 것입니다. 설계도면은 건축주 의견을 담은 설계자의 상상력과 예술성의 산물입니다.

P_시공자에게도 설계도면은 중요합니다. 왜 중요하다고 생각하십니까?

K_설계도면은 시공의 기본입니다. 권위 있는 건축가(설계자)의 작품전에는 도면, 모형, 사진 등이 전시됩니다. 설계도면에는 집을 어떻게 지을 것인가에 대한 내용이 도식화되어 있습니다. 설계자의 사상이나 철학도 담겨 있습니다.

P_시공은 설계도면 검토부터 시작됩니다. 설계도면과 내역서, 시방서는 시공 품질과 공사비에 대한 정확한 기준입니다. 건축물이 준공되기까지 시공의 근거가 됩니다.

설계와 설계도면

설계는 최종 결과물을 만들어 내는 가장 중요한 기획이자 건축공사의 질적 수준을 가늠하는 출발점이기도 하다. 애매하고 추상적이기까지 한 건축주의 요구사항을 건축 공간으로 번역하고, 약속된 기호로 풀어내는 암호 해독의 과정이며 종국에 만들어지는 건축의 멋스러움과 품질을 결정하는 바로미터이다. 건축의 처음과 끝 모두를 결정하는 창의적인 작업이 곧 건축설계다.

〈아파트와 바꾼 집〉, 박철수, 박인석

설계도서와 설계도면

설계도서는 시공에 필요한 설계도와 시방서, 이에 따르는 구조계산서, 설비관계 계산서를 말한다. 설계도면은 시공될 공사의 성격과 범위를 표시하고 설계자의 의사를 일정한 약속에 근거하여 그림으로 표현한 도서로서 공사목적물의 내용을 구체적인 그림으로 표시해 놓은 도서를 말한다.(회계예규 공사계약일반조건 제2조)

K_건축에서 가장 중요한 것은 설계와 시공입니다. 설계는 장소에 맞는 해답을 찾는 행위입니다. 시공은 여러 가지 요소로 의미 있는 전체를 만드는 행위를 말합니다. 설계도면에서 가장 중요한 사항은 무엇이라 생각하십니까?

P_설계 내용의 정확성입니다. 설계도면은 정확해야 하고 구체적으로 표현되어야 합니다. 설계도서에는 최대한의 정보가 담겨 있어야 됩니다. 건축주, 설계자, 시공자 삼자 간의 해석의 편차를 줄이

는 정확한 정보가 담겨 있어야 합니다. 시방서는 도면에 담지 못하는 구체적인 시공 방법을 정리한 것입니다. 완벽한 도면과 시방서가 필수적입니다.

K_집을 지으려면 먼저 설계를 하고 이를 근거로 시공을 합니다. 설계는 기초조사와 연구를 거쳐 설계 아이디어를 구상한 후 이것을 도면화 하는 과정입니다. 도면에 따라 시공이 이루어집니다. 설계자 선정 후에는 설계 내용의 검토 과정을 거칩니다. 시공자의 입장에서 볼 때 설계도서의 정확성은 왜 중요합니까?

P_설계도면이 건축의 전부라 할 수 있습니다. 설계가 건축의 시작입니다. 건축은 설계로 시작되어 시공 과정을 거쳐 마무리됩니다. 설계와 시공 사이에 차이가 존재합니다. 그 차이를 좁히는 것이 설계의 정확성입니다. 그렇기 때문에 정확해야 합니다. 시공자는 설계 도서를 면밀히 검토해서 설계자가 보지 못한 사항을 찾아내어 건축주에게 설명해야 합니다. 설계도서의 역할이 품질과 비용, 성능 등에 대해 정확히 정의하는 것이라면, 시공을 통해 현장에서 대응하는 시공자의 능력이 설계를 완성한다고 볼 수 있습니다.

설계도면의 중요성

건축가가 작업하는 여러 도면 중에서 나는 실시설계도면이 가장 좋다. 실시도면은 상세하고 객관적이다. 상상 속의 대상을 물질의 형태로 만드는 시공자들을 위해 완성되는 실시도면에는 조작이 있을 수 없다. 다른 프로젝트 도면처럼 좋은 인상과 확신을 주려는 노력이 들어가지 않는다. 실시도면은 마치 이렇게

> 말하는 듯하다. "이것이 건물의 최종 모습이다."
>
> 실시도면은 해부도와 비슷하다. '완성된 건축'이라는 몸이 선뜻 보이고 싶지 않은 비밀스러운 내부의 긴장을 표출한다. 예를 들면 결합의 기술, 보이지 않는 기하학, 소재의 마찰, 지지력과 내구성 등 내부의 힘, 인간이 만든 물건에 내재된 인간의 수고가 있다.
>
> 〈건축을 생각하다〉, 페터 춤토르

K_설계 내용에는 시공에서 요구되는 내용이 포함되어야 하며, 시공에 필요한 제반 조건이 검토되어야 합니다. 그렇지 않으면 설계는 실현 가능성이 희박한 계획안일 뿐입니다. 설계도면과 시방서가 서로 일치해야 하고 현장여건에 맞아야 합니다. 설계도서의 정확성을 어떻게 알 수 있을까요? 좋은 방법이 있습니까?

P_하나의 예를 들면, 다수의 입찰(견적) 가격을 비교해 보면 알 수 있습니다. 최저입찰가와 최고입찰가의 차이가 크지 않다는 것은 설계도서의 정확성을 보여주는 단면입니다. 입찰 전에 제공된 설계자의 도서가 얼마나 정확한지 판단할 수 있습니다.

K_시공자가 건축의 질을 결정하는 사람으로 인식되고, 건축의 질 결정이 시공 단계에서 이루어진다는 생각이 일반적입니다. 하지만 시공자는 설계자의 설계 도서를 실제적으로 구현하는 것이기 때문에, 건축의 질은 설계단계에서 결정 난다고 합니다. 설계가 중요하다는 이야기입니다. 그렇지만 저는 설계 도서를 해석하는 시공자의 능력이 시공의 질, 공사의 품질을 결정한다고 생각합니다.

P_설계자와 시공자가 같은 경력이라면 시공자의 경험이 좀 더 구체적일 수 있습니다. 설계도면을 바탕으로 현장에서 직접 만들어 내는 역할은 시공자의 몫입니다. 시공자의 능력에 따라 원하는 수준의 품질을 구현하는 방법도 다양합니다. 시공자는 합리적인 시공 방법을 찾을 의무가 있습니다. 그 방법을 건축주와 협의하고 견적서에 반영해야 합니다.

K_건축물의 구현에 있어 시공 행위가 핵심입니다. 전 그렇게 믿습니다. 설계는 시공된 건축으로 끝나는 창조 작업의 필수 요소입니다. 시공을 위한 설계가 아닌 시공을 무시한 설계는 좋지 않습니다. 설계가 정확하지 못하면 수많은 약속이 실현되지 못하고 그림으로 전락합니다. 설계를 위한 설계일 뿐입니다.

P_설계자는 건축주의 의도와 요구에 따라 합리적이고 경제적인 설계를 해야 하며, 현장성과 시공성을 고려한 설계를 해야 합니다.

K_건축 시공은 무수한 디테일, 다양한 기능과 형태, 소재, 치수에서 전체를 완성해야 하는 도전에 직면합니다. 짧은 설계 기간과 검토 시간, 적은 비용은 결국 시공자의 희생을 요구합니다. 설계도면은 어떻게 검토하십니까?

P_우리 건축계의 현실이며 개선되어야 합니다. 설계도면 검토에 대한 특별한 방법은 없습니다. 다양한 각도에서 각종 변수를 고려해서 오랫동안 검토하는 것입니다. 시공자는 설계도면을 읽고 시공 방법, 마감 및 연결부분 처리, 도면에 없는 내용과 보이지 않은 부분에 대한 방안을 만들어야 합니다. 그래야 시공 계획을 세울 수 있고 오류를 줄일 수 있습니다.

좋은 설계가 시공의 품질을 높인다

K_공사 감독과 설계가 저의 주요 업무입니다. 설계도면에 문제가 많습니다. 설계오류와 누락, 불명확성이 가장 큰 문제입니다. 시공과정에서 논란이 되기도 하고 감독으로서 고민되는 사항이 도출됩니다. 물론 설계를 완벽하게 한다는 것도 불가능합니다. 모든 것이 예산, 즉 돈에 좌우됩니다. 설계도면 검토는 시공자가 해야 할 사항입니다.

P_설계자를 비난하고 싶은 생각은 전혀 없습니다. 현실적으로 설계의 한계는 있습니다. 설계도면에서 현장 여건의 모든 것을 설명할 수도 없습니다. 하지만 설계도면은 정확해야 하고 누락된 부분이 없어야 합니다. 설계 오류는 고객에게 막대한 재산상의 피해를 입힐 수 있습니다. 우리나라 메이저 설계회사의 도면도 부실한 경우가 많습니다. 대체로 어려운 부분은 도면에서 모호하게 넘어가는 경우도 있습니다. 설계 문제는 건설 환경이 좋지 못하므로 설계자만 나무랄 수 없는 사항입니다.

K_말씀하신 것처럼 건설 불황이라 설계시장의 여건이 어렵고 설계는 한정된 예산에 맞추어야 합니다. 설계를 예산에 맞추어야 하는 상황이 되면 설계는 한계에 부딪칩니다. 그렇기 때문에 설계오류가 발생되기 쉽습니다. 시공 전에 설계도면 검토는 시공자의 몫이지 않습니까?

P_시공자는 도면과 시방서의 불일치, 누락, 애매한 사항 등에 대해 확인할 의무가 있습니다. 상식적인 항목이 도면에 누락되었다고 해도 검토를 통해 견적서에 반영해야 합니다.

K_저는 설계 실무를 해 보았습니다만 좋은 기억이 많지 않습니다. IMF 외환위기라는 어려운 시절도 겪었습니다. 설계는 좋은 집을 지으려는 의지를 현실로 만드는 아주 중요한 절차입니다. 하지만 설계비에 대해 많은 사람이 잘 이해하지 못합니다. 설계비는 10년 전과 비슷하거나 동일합니다. 설계자에게는 그들의 작업이 갖는 중요성만큼 적절한 비용이 지불되어야 합니다. 그래야 설계의 품질을 높일 수 있습니다. 정확한 설계로 적절한 설계비를 받는 문화가 정착되어야 합니다. 저는 설계자가 대우 받는 사회가 선진국이란 생각이 듭니다.

P_동의합니다. 자기만의 설계 경쟁력을 갖추는 것이 중요합니다. 저도 계획을 잘 하는 건축사(설계자)는 보았습니다. 하지만 안타깝게도 설계를 완벽하게 하는 건축사를 보지 못했습니다. 좋은 건축물과 훌륭한 건축가가 없다는 말은 아닙니다. 설계 오류가 있을 때에는 상호 협의하여 해결 방안을 찾아야 합니다.

K_설계와 시공 기술이 전문화, 고도화되어 양자의 이해와 연대가 더욱 중요합니다. 설계자와 시공자가 적대적이 아닌, 서로에게 도움이 되는 우호적인 관계를 유지해야 모두의 이익이 되지 않을까요?

P_설계자와 시공자는 연속된 프로세스에 의해 상호기술의 미비점을 피드백(Feed back)하여, 목적하는 좋은 건축물을 수요자에게 제공해야 합니다. 건축인의 고립된 개인주의적 습성으로는 건축의 근본적인 속성인 공공성을 실현할 수 없습니다. 상대의 입장을 존중하고 협력적인 관계, 우호적인 관계를 유지해야 합니다. 서로의 생각과 성격이 다를지라도 양보하고 문제가 있다면 함께 풀어가는 지혜가 필요합니다.

K_설계자와 시공자는 긴밀하고 유기적인 관계가 되어야 합니다. 사장님은 설계 오류(미스)를 확인했을 때에도 설계자를 불쾌하게 하지 않는다고 하셨습니다. 그게 쉽지는 않을 텐데요.

P_그렇습니다. 설계자가 잘못한 것이 있어도 "소장(건축사)님께서 깜박 놓치신 것 같습니다."라고 이야기 합니다. 설계 오류이니 고치라고 강요하지 않습니다. 좋은 건축을 하기 위해 아주 부드럽게 이야기 하고, 다시 검토 확인해 달라고 부탁합니다.

K_그렇군요. 상대방의 기분을 손상시키지 않으면서 목적을 달성하시는군요. 말 한마디에도 설계자의 자존심을 지켜주는 배려가 엿보입니다. 사람의 심리를 잘 알고 마음을 움직이시는군요.

P_건물은 실체가 있는 대상을 만드는 인간의 능력을 보여주는 증거물입니다. 현장관리자는 기술과 돈뿐만 아니라, 사람들 사이에서 발생되는 문제의 본질을 꿰뚫을 수 있는 능력을 갖추어야 합니다. 또한 건물이 완공되기 전까지 설계자나 건축에 관련된 사람과 협력하고 각각의 업무를 잘 조율해야 합니다.

K_좋은 설계, 우수한 도면은 필연적으로 생겨나는 많은 실수를 사전에 막아 줍니다. 완성도 높은 설계도면으로 시공업체와의 분란을 예방할 수 있습니다. 투철한 직업의식과 열정을 갖고 열심히 하는 설계자도 셀 수 없이 많습니다.

P_동의합니다. 하지만 설계비 문제를 해결하지 않으면 좋은 설계를 할 수 없을 것입니다. 설계자는 좋지 못한 현실을 직시해야 하며 의식을 바꾸고 반성하는 마음가짐을 가져야 합니다.

K_ 건축 설계는 아무리 첨단기술을 동원하더라도 노동집약적, 시간집약적인 분야입니다. 선진 사회에서도 설계에 대한 경제적 보상이 상대적으로 낮습니다. 설계비 문제를 어떻게 생각하십니까?

P_ 설계비를 줄이려는 경향이 강합니다. 설계는 시간이 많이 들고 품도 많이 드는 일입니다. 사람의 성의와 시간이 많이 들어가야 좋은 설계가 나온다고 알고 있습니다. 저라면 좋은 품질의 설계라면 대가를 많이 지불하겠습니다. 김 박사님 말처럼 품질에 대한 적절한 비용을 지불하는 문화가 정착되어야 합니다.

K_ 설계비 문제는 건축인 이라면 누구나 알고 있는 사항입니다. 그동안의 많은 사람들의 고민과 노력으로도 아직 해결되지 않는 문제입니다. 물가는 올라도 설계비는 오르지 않은 게 현실입니다. 저가(低價)의 설계비가 건축의 질을 좌우하는 더 큰 문제이죠.

P_ 설계비는 시공의 품질에 영향을 미칩니다. 도면이 부실하면 좋은 품질의 건축을 하기 어렵습니다. 지금과 같은 상황에서는 설계자의 경쟁력을 높이는 것이 가장 좋은 방법입니다. 설계자는 시공과의 격차를 줄이는 설계를 해야 합니다.

설계의 품질과 시공의 관계성

K_ 설계자는 아무리 설계를 잘 해도 좋은 건축, 양질의 건축이 되지 못한다면, 그것을 시공자 탓으로 돌립니다. 결국 시공자 잘못이나 자질, 능력의 문제로 귀결되지요.

P_ 시공자가 잘못하는 부분도 있을 것입니다. 정확하고 정직하게 시

공하는 사람이 적으니까요. 시공회사 내에 설계도면을 제대로 검토할 수 있는 관리자가 없는 경우도 있습니다. 시공회사 경영자도 건축적 지식을 갖추어야 합니다. 그렇지 못하면 제대로 된 건축을 할 수 없습니다. 하지만 시공자만의 문제가 아닙니다. 설계자도 완벽하게 설계해야 합니다. 설계 오류는 막대한 손해를 끼칩니다. 현장의 시공성을 고려하고 누락이나 실수가 없는 정확한 설계를 해야 합니다.

설계도면 검토

시공회사는 일단 수주가 끝나면, 건설사 업무에는 설계도면을 상세하게 검토하는 과정이 없다. 그러나 건물의 품질은 일반적으로 건설회사가 책임진다. 따라서 좋은 건축물을 짓기 위해서는 공사에 착수하기 전에 건설회사가 설계도면을 면밀히 검토해야 한다. 그래서 설계 오류가 있다면 착공 전에 건축주와 협의하여 설계를 변경하고, 건축비도 재협의하는 것이 타당하다고 본다. 설계를 완벽하게 한다는 것은 거의 불가능하다. 설계 회사는 규모가 작아 오류가 있더라도 책임을 질 수도 없다. 따라서 건설회사가 설계 검토를 하는 일을 맡아야 한다.

〈건축도 경영이다〉, 진윤구

K_사장님은 건축 현장을 중요시합니다. 그런데 요즘 우리사회에서는 "디자인에서 부가가치가 나온다."며 현장의 가치를 무시하는 경향이 있습니다. 실제로 건축의 가치는 디자인, 설계에서 나오는 것 아닙니까?

P_그 말은 모순입니다. 최고의 디자인이 있다고 합시다. 디자인이 아무리 좋아도 건물을 허술하게 지으면 최고의 품질이 나올 수 있습니까? 최고 건물에는 최고의 디자인과 최고의 시공이 함께 해야 합니다. 김 박사님 같으면 디자인만 좋고 엉터리로 지은 건물에서 살고 싶습니까?

K_물론이죠. 건축뿐 아니라 전 산업분야에서 디자인이 곧 경쟁력이라는 공감대가 형성되어 있습니다. 이것은 주지의 사실입니다. 그래서 더욱 디자인의 질이 건축의 경쟁력이라는 인식이 높습니다.

P_물론 디자인, 설계가 중요합니다. 그것을 부정하지 않습니다. 좋은 건축에는 좋은 디자인과 좋은 시공이 전제되어야 한다는 것입니다. 건축은 미적 감흥을 주기 위한 오브제일 뿐 아니라, 기능과 구조를 통해 인간에게 실용성을 주기 위한 도구입니다.

K_옳은 말씀입니다. 좋은 시공에는 좋은 설계가 필요합니다. 미국 건축가 베르나르 추미(Bernard Tschumi)는 '사람 살기 편해야 좋은 건축'이라 하며, "건축가는 도시를 살 만한 공간으로 만들어야 한다. 단순히 아름답게 만드는 사람은 겉만 건축가다."라고 했습니다. 설계자도 어려운 여건 속에서 최선을 다한다고 할 수 있습니다. 하지만 도면과 내역서의 불일치, 불충분한 자료 때문에 그 내용에 대한 확인, 검증 작업, 책임 공방에 많은 시간이 소모됩니다.

P_좋은 설계가 좋은 집을 만듭니다. 대부분의 설계도면이 정확하지 않습니다. 이것을 개선하기 위해 이런 방법은 어떨까요? 먼저 설계 후 다른 설계자에게 검토를 받는 것입니다. 전문 건축사에게 설계 체크를 받습니다. 그리고 직접 시공할 시공자에게 검토를

받는 것도 좋은 방법입니다. 이러한 검토 과정을 거쳐 잘못된 부분을 보완하면 설계 오류를 방지할 수 있습니다. 어떻게 생각하십니까?

K_적용해 볼만한 좋은 방법이네요. 저도 설계에 대한 검증 절차나 단계가 필요하다고 생각합니다. 좋은 방법이지만 현실적으로 어렵습니다. 특수한 분야의 설계라면 그 분야 전문가에게 도움을 받겠지만, 전문 건축사나 시공자에게 설계 내용과 도면을 검토받는 설계자는 아마 없을 것입니다. 설계자는 자기만의 디자인 철학이나 언어, 생각을 가지고 있습니다. 그런데 그런 것이 담겨있는 설계 내용을 다른 누구에게 검토를 받는다는 것을 허용할 수 있을까요? 더구나 설계시장 여건이 어려운 상황이라 그럴 여유가 없을 것입니다.

P_쉽지 않은 일입니다. 그렇지만 설계도 남들처럼 하면 경쟁력이 없고 설계 오류가 반복될 것입니다. 남들과 다르게 설계의 질을 높여야 합니다. 그렇지 않으면 평범한 설계자가 될 수밖에 없습니다. 남다른 노력이 필요합니다.

K_2013년 1월 건축사사무소 공간그룹이 부도나면서 '공간사옥'이 매물로 나왔다고 합니다. 한국 최고의 현대건축물로 꼽히는 공간사옥이 공개 매각될 것이라는 안타까운 소식입니다.

P_설계시장의 어려운 단면을 말해 주는 것 같습니다. 설계시장의 불황은 누가 해결해 주는 것이 아니라, 설계의 정확성과 자기 경쟁력 강화로 극복의 실마리를 찾아야 합니다. 자기만의 브랜드화가 필요합니다.

설계내용 검증 및 확인(검증이 필요한 건축계)

건축가의 설계에 대한 검증이 필요하다. 검증 받은 건축가의 능력이 당당하게 평가받아야 할 때가 왔다. 보세 가공하는 건축은 이제 그만하여야 한다. 우리에게는 이제 검증을 받은 건축가가 필요하다. 건축은 사람들의 삶의 현장과 공동체의 공간을 만드는 행위다. 어떠한 풍우도 마멸시키지 못하고 이어져 내려오는 한국인의 마음의 그림자와 생각의 자취를 읽어내어 그것을 이 시대에 맞게 새로운 삶의 현장과 공동체의 공간으로 표현하려고 노력한 건축가를 차별화할 때가 왔다.

〈건축과환경 9804〉, 이상해

K_위기 극복의 열쇠는 설계 능력과 품질이라고 생각합니다. 설계자가 설계한 도면을 보면, 도면의 양이 현장에서 요구되는 것보다 적은 경우가 있습니다. 상세도(디테일 도면)가 부족합니다. 그렇다면 설계도면의 적정 분량을 요구할 수 있을까요?

P_현실적인 문제가 있습니다. 설계비의 문제가 해결되지 않으면 설계도면에 대한 논쟁이 계속되지 않겠습니까? 설계도면의 양과 질은 설계비와 비례하는 것으로 알고 있습니다. 실제 현장에서 필요한 것보다 도면의 양이 부족한 것이 사실입니다. 특히 디테일 도면이 많아야 하는데 누락된 부분이 많습니다. 이것은 시공을 힘들게 만드는 요인입니다. 건축주와의 갈등의 대상이 되기도 합니다.

K_그렇습니다. 설계도면으로 인해 발생되는 논란은 없어야 합니다. 디테일 도면이 충분해야 하고 도면의 양도 적정해야 시공이 원활하게 이루어질 수 있습니다.

P_적절한 설계비용을 지불하고 설계 기간과 내역 작성 시간을 충분히 주어야 합니다. 설계자는 여러 번의 그림을 그려야 하기 때문입니다. 급하게 설계하거나 착공한 다음 공사 중에 설계를 변경하는 경우는 피해야 합니다. 공사비가 증가되면 건축주가 힘들어집니다.

K_어느 시점에서는 설계내용을 결정해야 하고 시공을 고민해야 합니다. 설계 내용 결정은 어떻게 하십니까?

P_모든 것을 건축주와 협의해서 결정해야 합니다. 집을 짓기로 마음먹었다면 시간적 여유를 두고 진행하는 것이 좋습니다. 시공자는 확신이 들 때까지 검토해야 합니다. 가능하면 설계 내용과 내역서 세부 내용까지 시간을 오래 들여 논의해서, 건축주와 확실하게 결정해야 합니다.

K_설계도면의 검토 과정에서 가구(책장이나 책상, 테이블, 가전제품, 침대 등)를 놓는 위치까지 시공자와 협의해야 합니까? 어느 선까지 고려해야 합니까?

P_검토되고 협의할 수 있는 내용은 모두 논의해야 합니다. 그래야 논란이 생기지 않습니다. 건축주가 원하는 가구라면 고유번호, 색상, 치수까지 정확히 해야 합니다

***K*_**견적은 일을 수주하기 위한 것입니다. 시공자는 설계도면 검토와 건축주 협의가 끝나면 견적서를 제출합니다. 건축에 대해 잘 알지 못하는 건축주는 시공자에게 휘둘리기 쉽습니다. 시공자가 제안한 견적서를 어느 정도 믿어야 합니까?

***P*_**건축주는 허위 견적이나 부실 견적을 조심해야 합니다. 나쁜 건축이 될 수 있습니다. 시공자는 설계 도면을 읽고 설계 내용보다 더 경제적이면서도 좋은 효과를 얻을 수 있는 방법을 제안해야 합니다. 시공자가 작성한 제대로 된 견적서 안에는 시공에 대한 의견이 포함되어 있습니다. 그 사항은 공사비 내역 외에 설계도서에서 부족한 것, 현장 조사를 해보고 설계자와 다른 시각을 갖고 있는 것, 도면에 누락되어 비용이 추가되어야 할 항목입니다. 건축주는 모르는 것이 있으면 확신이 들 때까지 물어보고 이해해야 합니다.

견적의 차이와 부실 견적

내가 시공사 선정 과정에서 가장 이해가 안 된 부분은 바로 견적서이다. 미팅했던 세 개의 시공사 모두 전체 건축비에서는 거의 차이가 없었다. 그런데 어떤 공정은 가격 차이가 크게 났다.

예를 들면 조적공사의 경우는 벽돌 값만 거의 몇 백만원이 차이가 났다. 아니 같은 집을 짓는데 어떻게 회사마다 들어가는 벽돌의 수가 다르지? 나는 집에 벽돌이 들어갈 면적을 따져 실제로 몇 개가 필요한지 계산까지 해 보았다. 뿐만 아니라 지붕의 징크의 수량도 제각각이라서 업체마다 공사비 산정이 너무도 달랐다. 다들 전문가일 텐데 왜 이런 일이 생길까? 아마도 설계도를 꼼꼼하게 분석하고 물량을 정확히 산출해 견적을 내기보다 총예산에 맞춰 대략 항목별로 나누어 분배를 하다 보니 이런 현상이 발생하는 듯싶다.

아직 국내 소규모 단독주택 시공업계의 상황이 썩 좋지 못해서 그런 건지, 아니면 건축주가 더 전문적으로 요구를 하지 않아서인지 모르겠지만 초보 건축주가 꼼꼼하게 친절한 견적서를 받는 일은 쉽지 않았다.

〈우리 가족이 처음 지은 집〉, 건축주 가족

K_시공자가 건축주에게 믿음을 주어야 하고 견적서에는 거짓이 없어야 합니다. 공사 범위에 대한 정확한 해석은 견적 단계에서 아주 중요한 것입니다. 시공자는 일의 내용을 정확하게 파악해야 합니다.

P_대부분 중소 건설회사와 시공자는 과거의 관행과 서로의 믿음이라는 어설픈 잣대로 쉽게 약속합니다. 공사의 성격과 범위, 내용 확인을 소홀히 하여 문제가 야기됩니다. 아주 위험한 일입니다. 건축주의 불신이 생길 수 있고 좋은 품질의 건축을 기대하기 어렵습니다.

K_건축주는 한정된 예산으로 집을 짓습니다. 애초에 계획된 공사비를 초과하는 경우는 어떻게 하십니까? 건축주는 시공과정 내내 불안해합니다.

P_그것은 시공자가 조정해야 하며 계획된 예산이 초과되지 않도록

해야 합니다. 예산 범위를 초과하지 않을 수 있는 가장 기본적인 준비는, 설계와 내역을 정확하게 파악해서 확정하는 것입니다.

투명한 시공과 감리의 역할

K_감리는 건축물의 품질 확보를 위해 매우 중요한 현장 업무입니다. 사급공사에서는 감리 행위가 소홀한 것이 사실입니다. 감리가 중요하다고 생각하십니까?

P_물론입니다. 사급공사에서도 철저한 감리가 이루어져야 합니다. 감리에 대한 시공자의 의식이 바뀌어야 합니다.

K_모든 것이 시공자에게 달려 있다는 말씀 같습니다. 현장기술자의 고집과 자존심도 대단하지 않습니까?

P_시공을 원칙대로 하고 투명하게 해야 합니다. 그러면 지적 받거나 문제될 것이 전혀 없습니다. 사전에 설명하고 논의해서 진행하면 서로의 믿음이 생깁니다. 나아가 사진이나 정확한 자료를 충분히 제시하면 감리와 다투거나 문제될 것이 없습니다.

K_사회적으로 부실공사로 인한 대형 사고가 속출하여 인명 피해가 발생되고 있습니다. 부실시공은 어제오늘의 일이 아닙니다. 매우 안타까운 일입니다. 시공자의 부실시공이 문제이지만 감리라는 제도가 있습니다. 현장의 관리 감독이 제대로 되지 못해 생기는 문제가 아닐까요?

P_건축의 부실은 관리자의 정신력 추락이나 책임감 결여에서 기인

합니다. 현장기술자 중에서 기본 원칙을 지키는 사람은 매우 적습니다. 안타깝고 부끄러운 일입니다. 시공 원칙을 지켜야 하며 철저한 관리 감독도 이루어져야 합니다.

K_부실시공에 대한 기사가 자주 언론에 등장합니다. 건축인의 한 사람으로서 안타까운 마음입니다. 젊은 기술자의 의식도 많이 바뀌었습니다. 양심적이고 제대로 하고자 하는 건축인도 많습니다. 정직한 건축인까지 매도할 수 없습니다.

P_있을 것입니다. 하지만 건축의 기본과 원칙을 지키는 사람이 정말 적습니다. 매우 적다는 사실이 중요합니다. 현장기술자의 의식 수준이 높지 않다는 이야기입니다. 기본과 원칙을 지키며 일하는 건축인이 많아야 합니다.

K_감리자의 역할도 중요합니다. 감리자는 어떤 자질을 갖추어야 할까요?

P_감리자는 기본적으로 자기 분야에 대해서 알아야 합니다. 시공기술이나 이론, 실무적 내용, 관리 범위 등에 대해 자세히 알아야 감리의 본분을 다 할 수 있습니다.

계약은 구속력 있는 약속이다

계약 전 시공사에 대해 알아보기

K_계약은 구속력이 강한 약속입니다. 건설업에서 계약 내용에 대한 정확한 해석과 이해는 성공적인 공사 완수를 위해 필수적입니다. 설계도서 검토가 끝나고 공사 내용이 결정되면 계약을 맺어야 합니다. 계약 전에 확인해야 할 사항은 무엇입니까?

P_건축주는 가장 먼저 건설회사, 시공자에 대해 조사해야 합니다. 재무 상태를 파악하고 경영자에 대한 평가를 듣는 것이 기본입니다. 시공회사를 잘 아는 여러 사람에게 회사의 평판을 물어봐야 합니다. 계약금을 지불하기 전에 시공자의 재정 능력에 대해 정확히 알고 있는 것이 좋습니다. 예를 들면 건축주는 계약금을 지불하기 전에 시공자의 법인 통장을 확인하는 것도 좋은 방법 중 하나입니다.

K_법인 통장을 확인하는 사람이 있습니까? 보여주는 사람도 없을 것입니다. 그럴 필요가 있습니까?

P_건축주는 시공자의 재정 상태를 궁금해 할 수 있습니다. 건축주

가 요구할 때에는 근거가 될 수 있는 것(통장잔고, 재무제표 등)을 보여 주는 것이 필요합니다. 건축주에게 믿음을 주고 신뢰를 높일 수 있는 방법입니다. 건축주는 근저당 설정이나 보증 세우기를 요구할 수도 있습니다. 입장을 바꾸어 놓고 생각해야 합니다. 건축주는 항상 불리한 조건에 처해 있으며 시공이 잘못되어 하자가 발생될 우려도 있습니다. 시공자가 원인을 발생시키는 것입니다.

K_건축주와 시공자는 상대적인 관계라 볼 수 있습니다. 건축주 입장에서는 믿고 맡길 만한 근거가 필요합니다. 건축주의 다양한 요구 사항을 들어주는 것이 필요하다는 것입니까? 좋은 시공자 선택이 무엇보다 중요하지만 무조건 공사비가 싼 쪽을 선택하는 건축주도 많습니다.

P_건축주의 노력만이 잘못된 선택으로 인한 실패와 후회를 예방할 수 있습니다. 경제적 여건을 고려해야 하지만 저가의 공사비로는 요구되는 품질 확보가 어려울 수 있습니다.

K_계약이란 계약자간에 지켜야 할 약속이기에 어느 한 쪽도 그 사항을 이행하지 않으면 안 됩니다. 상호간의 약속을 지키지 않으면 신뢰는 무너집니다. 계약 전에 중요하게 검토해야 할 사항은 무엇입니까?

P_건축허가 신청이 승인되었는지 확인해야 합니다. 허가가 나지 않으면 공사를 시작할 수 없습니다. 그리고 부지에 대한 경계측량, 지적 사항을 확인해야 합니다. 측량 후 경계 표시를 이동시킬 수도 있으므로 부지의 길이나 크기를 실측할 필요가 있습니다. 진입

도로를 지적도와 비교하고, 오폐수 처리 부분도 관할 행정 관청에 문의해야 합니다.

신중한 계약으로 위험 차단하기

K_건축 행위를 함에 있어서 계약서 작성이 중요합니다. 시공자는 계약서 내용을 충분히 숙지해야 하며 작은 일도 반드시 기록으로 남겨 스스로를 보호해야 합니다. 계약서에 표기해야 할 사항은 무엇입니까?

P_여러 가지 내용이 표기되어야 합니다. 그 중에서도 건축주의 요구사항과 합의된 사항이 빠짐없이 정리되어야 하고, 준공일이나 인도일, 공사비 지불기일 등이 명시되어야 합니다. 계약서에 있는 내용을 서로 확인하고 약속해야 하는 것도 필수적인 사항입니다.

K_계약은 마지막까지 신중해야 하죠. 사실 건설공사 계약서에는 잠재된 위험이 있습니다. 이러한 위험 요소를 충분히 이해하고, 그에 상응하는 원가로 계산하여 적절히 대처해야 합니다. 그 외 계약서에 명시되어야 할 사항은 무엇입니까?

P_시공회사와 계약을 맺을 때 공사기간을 명확히 설정해야 합니다. 지체보상금에 영향을 미치기 때문입니다. 그리고 일정 지연 시 어떻게 처리할 것인지에 대한 부분도 명시해야 합니다. 저에게는 그런 일이 없었습니다. 하지만 건축주가 설계를 변경하는 경우, 추가되는 작업과 시간에 대한 정확한 비용, 처리 기준을 명시해야 합니다.

K_비용(돈)은 민감한 부분입니다. 건축주의 예산과 공사비 차이를 좁히는 방법은 무엇입니까?

P_차이가 있을 수 있습니다. 설계 내용을 조정해야 합니다. 줄일 수 있는 것은 협의해서 줄여야 합니다. 설계 과정에서 건축주와 시공자의 협력이 가능하다면, 전체적인 범위 내에서 효과적으로 공사비를 조정하면서 시공할 수 있습니다.

K_하자에 대한 사항도 중요합니다. 하자 이행에 관한 사항은 어떻게 해야 합니까?

P_일반적인 하자 규정에 따릅니다. 하자 기간과 지반 침하, 방수, 단열 문제와 같은 하자 범위를 계약 내용에서 명확히 합니다.

경영자의 기본은 좋은 인간성이다

성실한 자세와 건축 지식 갖추기

K_건축은 시대의 변화에 따라 고도화, 복잡화, 대형화되어 가면서 수많은 종류의 리스크(Risk)와 불확실성에 노출되어 있습니다. 건설업 경영자의 자세는 무엇이라 생각하십니까?

P_경영자라는 존재는 남들 보다 더 고민하고 더 열심히 일하며 미래를 준비하는 사람입니다. '바르고 성실한 자세'가 자신의 가장 큰 자랑거리라고 이야기할 수 있는 경영자가 되어야 합니다.

K_누구나 쉽게 시작할 수 있다고 생각하는 사업이 건설업입니다. 누구든지 할 수 있는 것은 사실이지만 업계에서 살아남아 유지, 발전하기는 쉽지 않습니다. 모든 일을 빠짐없이 점검하며, 기본에 충실한 관리를 하고 경쟁력을 갖춘다면, 다변하는 시장에서 살아남을 수 있겠죠. 건설업 경영자의 기본적인 자질은 무엇일까요?

P_경영자에게 필요한 것은 '좋은 인간성'입니다. 진실한 감사, 신뢰와 성실, 정열, 건강, 그리고 가장 중요한 것은 '힘들어도 포기하지 않고 경영에 투신하는 것'입니다. 경영자는 많은 것을 자신의 경험

과 직관으로 판단하지만, 빠르게 변화하는 환경은 자신의 경험만을 믿고 판단하기에는 그 위험이 너무 큽니다. 변화하는 환경에서 판단의 기준을 어디에 둘 것인가? 결국은 정확한 정보 수집과 분석으로 자신의 능력과 회사의 위치를 정확히 알고, 사업 추진 방향을 설정해야 합니다.

K_경영 주체의 비전이나 리더십도 중요하다고 봅니다. 경영자는 기술과 경영, 컴퓨터, 외국어 등에 대한 지식을 갖추어야 한다고 합니다. 하지만 건설업은 건축분야에 대한 전문 지식, 기술이 없어도 가능한 분야입니다.

P_불가능한 것은 아니지만 바람직하지도 않습니다. 건설업 경영자도 도면을 읽고 문제점을 찾을 수 있어야 하며 정확한 내역을 뽑을 수 있어야 합니다. 경영자가 건축적 지식이 없는 경우에는 관리자, 기술자에게만 의존하게 됩니다. 그러한 회사는 좋은 회사가 아닙니다.

K_사장이 내역까지 뽑고 기술적인 문제까지 안다면 일하는 사람은 힘들어 할 것 같은데요. 내역 작업이나 도면 검토는 담당 분야 기술자가 맡아 해야 일 아닌가요?

P_아닙니다. 실패하는 회사는 대부분 경영자의 기술적 자질이 부족한 경우입니다. 만약 꼼꼼한 사장 밑에 있었던 직원이 나중 관리자가 되면 남들보다 우수한 인재가 될 수 있습니다. 직원도 좋은 경영자, 꼼꼼한 경영자를 만나야 미래가 밝습니다. 경영자도 기술자에게만 의지해서는 안 됩니다. 기술적인 부분도 알아야 하고 공부해야 합니다.

K_경영자도 건축에 대한 관리 능력이 있어야 한다는 이야기군요. 경영자와 관리자 모두 도면, 내역을 면밀히 검토하는 능력이 중요하다는 말씀이시지요?

P_그렇습니다. 도면을 면밀히 검토하여 정확한 견적을 산출하는 자질을 갖추어야 하고, 좋은 품질을 낼 수 있는 경쟁력 있는 가격을 만들 수 있어야 합니다. 그렇지 못한 회사는 오래 갈 수 없습니다. 제 경험상 오래가지 못하는 회사의 반 이상이 도면과 내역 검토를 소홀히 했기 때문입니다. 도면 검토, 내역 작업과 같은 중요한 사항을 간과하면 부실이 발생하여 경영에 커다란 영향을 미칠 수 있습니다.

K_기술과 관리 능력이 필수적입니다. 사업을 하려면 경영자 자신의 인내와 노력이 먼저 요구된다는 사실을 명심해야 한다는 말이군요. 경영자가 금기해야 할 것은 무엇입니까?

P_제 기준으로 말한다면 건설업 하는 사람은 어음, 은행의 빚을 멀리해야 하고 자기 관리에 철저해야 합니다. 저는 나태함을 경계하기 위해 저만의 원칙을 세웠고 현장에 의자를 두지 않았습니다.

실천 가능한 원칙과 목표 세우기

K_건설업이란 자원을 투입해서 좋은 품질의 건축물을 사회에 제공하고, 기업을 존속시킬 적정이윤을 확보하는 것입니다. 사업은 돈 버는 것이 목적이죠. 돈을 벌지 못하면 기업이 유지되지 못합니다. 사장님의 경영 원칙은 무엇입니까?

P_앞에서 이야기 한 제가 세운 약속(원칙)을 지키는 것입니다. 당연히 좋은 건축으로 경제적 이익도 내는 것입니다.

K_건설업 경영을 잘 하는 것은 효용은 최대로 하고 비용은 최소가 되도록 하는 것입니다. 건설업의 목표는 무엇이며 특별히 목표라 할 수 있는 것이 있습니까?

P_저는 5년 단위로 목표를 수정했고 나름대로 그 목표를 이루었다고 생각합니다. 물론 건설업의 목표는 사업의 수익을 내어 경제적인 성과를 얻는 것이고, 하자 없는 건축을 하는 것입니다. 하자를 줄이거나 최소화하는 것이 보다 근본적인 건축의 목표였습니다. 이것이 남들과 차별화되는 것입니다.

K_사장님은 건설회사의 전문화 필요성에 동의하십니까? 병원건축, 종교건축, 공장건축, 특수건축 등으로 업종을 특화하는 것을 어떻게 생각하십니까?

P_전문화하면 장점도 있지만 수주에 어려움이 있을 것으로 생각합니다. 즉 특정 분야에만 집중하면 그 분야 문제점을 깊게 파악하여 하자를 줄일 수 있을 것으로 보입니다. 그렇지만 일감을 받을 수 있는 기회가 줄어들 수 있습니다. 전문화 보다는 다양한 일을 수행할 수 있도록 능력을 키우는 것이 좋다고 생각합니다.

K_경영자는 저비용 고효율을 추구합니다. 건설회사의 적정 규모(인원)는 어느 정도일까요?

P_솔직히 규모에 대해 별로 생각해 본 적 없습니다. 회사 규모는 경영자의 생각에 따라 다르지 않겠습니까? 저는 제가 관리할 수 있

도록 수주를 줄이고 최소 인원으로 운영했습니다. 제가 관리하지 못하는 부분에서 하자가 발생되기 때문에 직원을 늘리지 않았고, 일에 대한 욕심을 버렸습니다. 저는 경영자가 직접 관리할 수 있는 규모가 그 회사의 적정 규모라고 생각합니다.

좋은 건축은 시공사 선정에 달려 있다

집짓기의 현실과 선택의 딜레마

K_존 듀이(John Dewey)는 '우리 존재의 안정과 지속을 표현하는 예술 활동 중에서, 건축이 가장 절실히 필요한 일'이라고 했습니다. 건축은 가장 기본적인 인간의 의식주(衣食住) 중 하나입니다. 안 먹고 안 입고 살 수 없듯이 집 없이는 살 수 없기 때문에 가장 기본적인 현실인 동시에 가장 절실한 현실입니다. 그 만큼 집은 인간의 삶에 중요한 요소입니다. 설계가 끝나면 누구에게 시공을 맡겨야 하는가가 고민거리입니다. 내 돈 주고 맡기는 것인데 왜 고민스러울까요? 수주하려는 시공회사도 많은데 왜 어려운 것일까요?

P_건축은 우리 삶과 맞닿아 있습니다. 삶의 질에 대한 모든 책임이 건축에 있다는 것일까요? 꼭 그렇지는 아닐 것입니다.

K_건축은 단순히 비와 추위를 막아주는 것만이 아니라 물질로 구형된 삶의 행복이기도 합니다. 집 한 채를 짓는 일이 일생일대의 모험이 될 수 있습니다.

P_건축이란 무엇을 짓고 만드는 행위이므로 당연히 돈이 들 수밖에 없습니다. 집을 짓는 데는 많은 돈이 필요하기 때문입니다. 돈과 에너지를 계속 쏟아 붓지 않으면 안 되며, 유지 관리를 위해서도 많은 투자를 지속하지 않으면 안 됩니다. 가게에서 작은 물건을 하나 살 때도 고민하지 않습니까? 고민하는 것이 당연한 일입니다.

K_실제적으로 집을 짓는 데 있어 시공업체를 선정하는 것이 건축주에게 가장 중요한 결정인 것 같습니다. 좋은 시공자를 만나면 다행이지만 그렇지 못하면 집짓는 일이 정말 어렵습니다.

P_그렇습니다. 주변에서 흔히 "집을 짓다가 화병까지 얻었다."라는 말을 듣게 되는데, 이 말은 좋은 시공자를 만나지 못했기 때문입니다. 집짓기의 어려움을 단적으로 대변하는 말입니다.

건축가 선정의 어려움

평생의 꿈을 실현하기 위해 집이나 작은 건물을 짓는 사람들은 다른 하소연을 한다. 제대로 된 건축가를 만나기가 무척이나 어렵다는 것이다. 집을 짓겠다고 마음먹는 순간 전문가를 만나기가 무척이나 어렵다는 것이다. 집을 짓겠다고 마음먹는 순간 전문가를 자처하는 수많은 사람들을 만나게 되는데 그 순간부터 길을 잃는다는 것이다. 지인의 사촌의 팔촌쯤 되는 전문가를 소개받아 만나는데, 대개의 완공될 때까지 마음고생을 심하게 겪는다. 평생의 꿈은 악몽이 되고 다시는 건물을 짓는 따위의 일은 하지 않겠노라고 결심하게 된다고 한다.

〈못된 건축〉, 이경훈

K_건축이란 것은 어차피 남의 돈(대출)이나 자기 돈으로 건물을 짓는 것입니다. 건축에는 막대한 돈이 움직입니다. 그렇기 때문에 기본적으로 자본의 힘에서 자유로울 수 없습니다. 혹자는 그것을 집짓는 일이 양극화되어 있기 때문이라고 합니다. 즉 선택의 여지가 건축가의 작품주택(건축가의 집)이나 집장사가 지은 집으로 제한되어 있기 때문이라는 것입니다.

P_작품주택은 건축가에게 집의 설계를 의뢰하고 그 설계를 바탕으로 시공하는 방식입니다. 시공은 협력업체가 합니다. 한편 집장사는 설계보다 시공을 주업으로 하는 사람입니다. 집장사는 설계가 중요하지 않습니다. 설계비보다 공사비가 훨씬 크기 때문입니다.

K_건축가의 집은 고급이지만 비싸고 집장사 집은 저렴하지만 날림인 경우가 대부분입니다. 중간지대가 없다는 사람도 있습니다.

P_저는 중간적인 위치에 있다고 생각합니다. 우리 사회에서 좋은 집 짓는 것이 어렵지만은 않습니다. 모두가 노력해야 합니다. 설계를 건축주의 예산에 맞추고 시공방법을 연구하면 적은 돈으로도 좋은 건축을 할 수 있습니다. 저는 적정한 가격으로 품질 좋은 집을 지으려고 노력했습니다.

K_일반적인 사람들에게 집을 짓는데 있어 시공자의 역할은 절대적입니다. 시공자는 일반적으로 건축의 질, 품질을 결정하는 사람으로 인식되고 있습니다. 시공자는 어떤 사람이라고 생각합니까?

P_건축은 공간을 디자인하는 설계자에 의해 구체적으로 도면화되어 세상에 태어납니다. 설계자와 건축주의 이상과 생각이 담긴 도면을 바탕으로 시공자에 의해 지면 위에 실제적으로 구현되는

것이 건축입니다. 시공자는 '그 공간에서 살게 될 사람'을 이해하고 배려해야 합니다. 건축주와 시공자는 꿈과 희망을 나눌 수 있는 존재입니다.

K_건축주는 시공자와의 미팅 때 무엇이 필요한지, 자신의 능력이 어디까지인지, 예산은 얼마인지 솔직하게 밝히고 적임자를 찾아야 될 것 같습니다.

P_그렇습니다. 건축주는 자신의 생각과 예산, 요구사항을 정확히 밝혀야 합니다.

K_건설 경기가 좋지 못해도 건설업체는 많습니다. 대한건설협회에 따르면 2014년 2월 기준, 주택과 토목, 건축 사업을 하는 종합건설업체는 1만 921개에 달한다고 합니다. 건축주가 집을 지으려면 어떤 시공자를 만나야 합니까?

P_통계를 참고하지 않아도 건설회사는 많습니다. 그렇지만 좋은 시공회사는 적습니다. 건축주의 마음을 진심으로 이해하고 소통하고자 노력하는 시공자, 전문적인 재능과 자격을 갖춘 좋은 시공자를 만나야 합니다.

K_좋은 시공자는 어떤 사람이라고 생각하십니까?

P_건축의 기본과 원칙을 지키며 하자 없는 좋은 건축을 하는 사람입니다. 재정 상태도 좋아야 합니다.

K_누구나 적절한 비용으로 원하는 집을 짓기를 희망합니다. 건축주와 시공자가 언제 접촉해서 협의하는 것이 좋습니까?

P_시공자를 만나는 것은 구상단계나 설계초기가 좋습니다. 물론 어느 정도 설계 내용이 나와야 합니다. 건축주의 생각이 설계에 반영되는 초기부터 협의하는 것이 좋습니다. 적절한 공법이나 자재가 설계에 반영되어 시공으로 이어지는 것이 이상적이기 때문입니다. 설계도면이 완성된 이후에는 변경이 어렵습니다.

K_집을 지어야 하는데 믿고 맡길 만한 시공회사(시공자)를 만난다는 것은 쉽지 않은 일입니다. 시공자를 어떤 경로를 통해 만나는 것이 좋을까요?

P_여러 가지 경로가 있습니다. 가장 좋은 방법은 건축주가 노력해서 직접 찾아야 하며, 시공회사에 대한 정보를 찾고 수집해야 합니다. 저를 찾아 온 사람들은 건축주나 지인의 소개로 찾아 온 경우가 많았습니다. 하지만 단독으로 찾아 온 사람은 신중하게 생각해야 합니다.

K_무슨 말씀입니까? 일 할 수 있는 수주의 기회라 생각되는데 찾아오는 사람이 반갑지 않습니까?

P_그런 것이 아닙니다. 소개를 통해 찾아오는 사람은 저에 대해 알고 찾아옵니다. 그 사람에 대한 것도 소개한 사람을 통하면 쉽게 알 수 있습니다. 하지만 처음 찾아온 사람에 대해서는 알아 볼 필요가 있습니다. 물론 찾아온 건축주도 시공자에 대해 조사해야 합니다. 서로에 대한 조사와 확인이 필요하다는 이야기입니다.

K_사장님을 찾아온 사람은 집을 지었던 건축주의 소개나 지은 집을 보고 찾아 왔다는 말이군요. 건축 행위를 하는 것 자체가 영업적

성격을 띤다고 볼 수 있습니다. 건축물이 홍보의 매개체가 되는 군요.

P_맞습니다. 좋은 홍보물입니다. 시공하는 방법을 솔직하게 보여 주는 것도 좋은 방법입니다. 동절기 공사 진행시에는 보온 양생이 필요합니다. 겨울철 공사 때 요구되는 품질을 얻기 위해 비닐로 건물 전체를 감싸는 방법을 적용했습니다. 어렵지 않은 작업입니다. 물론 계절에 따라 품질을 높이기 위한 작업 방법과 재료는 다릅니다. 이것이 보는 사람의 호기심을 자극하여 문의해 오는 사람이 많았습니다. 눈에 보이지 않은 영업이 되어 수주로 이어진 경우도 있었습니다. 시공자가 지은 집이나 짓는 과정을 보면 그 사람을 평가할 수 있으며 판단의 근거가 됩니다.

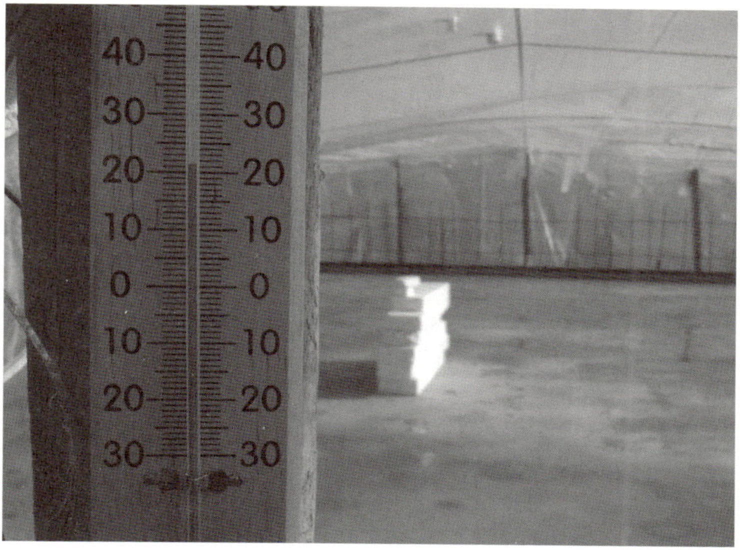

■ 시공 사례(경남 함안 하이텍)

비닐로 감싸는 방법은 품질을 높이기 위한 것이며, 외부인에게 호기심을 유발하는 요소이다. 외부 온도 -9℃일 때 실내 온도를 21℃를 유지시킴으로서, 작업 여건이 개선되어 좋은 품질을 기대할 수 있으며 하자도 줄일 수 있다.

건축주의 현명한 선택이 필요하다

K_"집 한 번 지으면 10년 더 늙는다." 이 말은 집을 짓는다는 행위로 인해 육체적인 고통보다 정신적 고통이 심하다는 것을 뜻합니다. 하지만 좋은 시공자, 신뢰할 수 있는 시공자를 만나고 싶어 하는 잠재적 실수요자는 많습니다. 주변에도 집짓기를 희망하는 사람이 있지만 어떻게 하면 믿음이 가는 시공자를 만날지 모릅니다. 장사꾼 같은 홍보, 친절한 접근은 분명 다를 것입니다. 신뢰할 수 있는 시공자를 어떻게 알아볼 수 있을까요?

P_우선 집을 지으려면 시공자가 지은 집 5곳 정도는 보는 것이 좋습니다. 이와 같은 노력이 꼭 필요합니다. 건물의 하자는 없는지? 하자 보수는 제대로 이행 되었는지? 또 시공자와 건축주의 관계는 어떤지? 공사는 예정 공사기간 내에 마쳤는지? 건축주가 시공자를 어떻게 평가하는지? 들어 보아야 합니다. 이와 같은 사항을 확인하고 시공자를 만나는 것이 좋습니다.

K_집을 지을 때 건축주의 성실한 준비와 계획이 필요하군요. 시공자를 선정할 때 건축주는 시공자에 대한 조사, 평가, 확인, 합의의 과정을 거치는 것이 중요합니다. 그러니 시공자의 경험, 자본, 약속 이행, 관리 능력을 확인하는 것이 필수적이군요.

P_그렇습니다. 중요한 절차입니다. 업체의 시공능력 파악은 공사실적과 함께 제시되는 각종 자료를 통해 기술력, 미적 감각, 공사 수행 능력, 경험의 차이를 판단할 수 있습니다. 특히 견적(내역) 작성 능력을 보면 시공회사의 기술력을 판단하기 쉽습니다. 견적 내용이 상세할수록 공사 범위와 품질에 대한 오해를 불식시킬 수

있습니다. 그리고 시공자를 선정할 때 좋은 결정을 내렸는지 확신이 들어야 후회하지 않습니다. 건축주가 한 결정과 선택을 후회하지 않으려면 직접 확인하고 판단해야 합니다.

K_시공자가 지은 집을 보면 확신이 들거나 선택의 기준이 된다고 하셨습니다. 그래도 건축주는 마지막까지 선택이 어려울 듯 한데요. 도움 말씀을 좀 더 해 주시죠.

P_큰 건설회사는 사장이 현장에서 직접 시공하지 않습니다. 현장대리인이나 기술자가 실질적으로 관여합니다. 건축주는 회사의 규모를 우선시하기 보다는 자신의 집을 짓는데, 우수한 기술자와 적정 인원이 투입되는가도 확인해 보시기 바랍니다. 그리고 주변의 평가도 들어 보아야 하고 자금 관계와 결제, 재정 상태도 확인하는 것이 좋습니다.

K_사장님은 현장에서 직접 일을 하시기 때문에 건축주가 달리 더 알아볼 필요가 없겠습니다. 믿고 맡길 수 있을 것 같습니다. 그런데 고객이 언제나 최고의 성능, 최고의 디자인, 최고의 기술력을 찾는 건 아닙니다. 고객은 자신의 조건과 일치하는 것을 선택하게 되죠.

P_시공자는 고객의 입장을 이해하고 조건도 중요하게 검토해야 합니다. 고객은 최고 보다는 자신에게 맞는 조건을 찾습니다. 현실적인 조건이 선택 기준이 되기 때문입니다. 시공자를 선택하는 것도 동일합니다.

K_건축은 삶의 형식에 대한 끝없는 호기심을 감싸주는 작업이며,

인간의 조형 환경 전반을 책임지는 수준 높은 문명 행위입니다. 건물을 지을 때는 신중하고 또 신중해야 합니다. 도를 넘는 욕심으로 짓다보면 건물이 사람을 잡아먹을 수도 있다는 무서운 말도 있습니다.

P_윈스턴 처칠(Winston Leonard Spencer Churchill)은 "건축과 구조가 인간의 성격과 행동에 영향을 준다는 것은 의심할 여지가 없다. 우리는 건물을 만들지만, 나중에는 건물이 우리를 만든다.(We shape our buildings, thereafter they shape us.) 건물이 우리 삶의 행로를 지배한다."고 말했습니다. 집을 짓는 일은 신중해야 합니다. 건축주나 시공자가 욕심을 버리면 됩니다. 지나친 욕심이 문제를 발생시킵니다. 좋은 시공자를 만나야 하고 정확한 견적을 통한 계약이 이루어져야 합니다.

K_처칠의 말은 건축과 우리 삶의 관계를 정말 명확하게 표현한 말이군요. 인간 활동의 공간적 배경인 건축이 거꾸로 인간의 품성과 형태를 지배한다는 의미입니다. 건축은 삶에 있어 두말할 나위 없이 중요한 요소입니다.

P_건축은 우리의 삶에 철저하게 실재적(實在的)으로 관계하기 때문입니다.

K_좋은 시공자를 만나는 방법 중 최악의 경우를 추정해보면, 자금사정이 좋지 않은 시공회사가 저가로 수주한 뒤, 몇 개의 현장을 동시에 진행할 때 서로의 공사비가 얽혀드는 경우입니다. 자금흐름이 좋지 못한 회사는 위험하며 좋은 결과를 기대하기 어렵습니다.

P_최악의 선택이 될 수 있습니다. 좋은 품질의 건축을 기대하기 어렵습니다. 건축주는 우선 자금 사정이 좋은 시공자를 만나는 것이 중요합니다.

K_설계자가 시공자를 소개하는 경우가 많습니다. 이들이 서로 긴밀하게 연결되어 있는데 어떻게 생각하십니까?

P_그와 같은 경우를 나쁘게만 볼 수 없습니다. 설계자가 건축주에게 시공업체를 추천한다는 것은 현장 관리 능력, 예산 집행의 합리성을 신뢰하기 때문입니다. 상호 신뢰가 형성되어 있습니다. 시공자가 설계자의 의도나 설계 내용을 이해하여 시공 성과를 높일 수 있다는 좋은 점도 있습니다. 그렇지만 건축주는 3개 이상의 시공회사를 소개받아 비교 검토해야 합니다.

K_시공회사(시공자)로부터 견적서를 받아 보면 어지간한 지식을 갖고 있지 않으면, 견적 내용을 이해하기조차 어렵습니다. 견적을 어떤 기준으로 파악합니까?

P_건축주도 모르는 것을 공부해야 하고 조금만 노력하면 알 수 있습니다. 특히 돈(공사비)에 대해 알아야 좋습니다. 집을 짓는 공정별로 들어가는 비용이 어느 수준이어야 하는지? 그 비용의 수준이 담보할 수 있는 질적인 측면은 어느 정도인지? 알아야 합니다. 견적 내용은 건축 관련 종사자에게 문의해도 됩니다. 모르는 것은 집을 설계한 설계자에게 물어 보는 것이 가장 좋은 방법입니다.

K_온전히 믿고 맡길 수 있는 시공회사는 존재합니다. 하지만 건축주는 마지막까지 선택의 기로에 서 있습니다. 좋은 시공회사를 선택하는 노하우는 무엇입니까?

P_시공회사를 선정하는 가장 좋은 방법은 자금이 있느냐 없느냐를 알아보는 것입니다. 자금이 없으면 수준 높은 협력업체가 함께 일하지 않습니다. 그러면 품질이 떨어질 수 있습니다. 자금 결제(지불)을 잘 하지 않으면 하도급 업체가 수시로 바뀝니다. 이것은 전화로 한 마디만 물어보면 알 수 있습니다. 시공회사는 모든 직원을 내부에 두지 않고, 협력회사 또는 팀의 형태로 외부에 두기 때문입니다. 자금 운용 능력에 따라 협력업체의 수준이 결정됩니다.

K_시공회사는 자금 상태를 공개하지 않을 뿐 아니라 사장이나 관계자가 아니면 모르는 사항입니다. 그리고 자금 상태를 공개하더라도 언제나 수주의 불확실성이 내포되어 있습니다. 수주를 확신할 수 없습니다. 자금 관계는 영업 비밀이 아닙니까?

P_저는 건축주에게 공개할 수 있다고 생각합니다. 신뢰를 얻을 수 있는 기회입니다. 1995년 순천에 있는 공장을 지을 때 건축주는 신뢰할 수 있는 근거나 자료를 요구했습니다. 저는 대표이사 앞으로 된 법인등기부등본을 제시했습니다. 그 일을 수주하고 싶다면 건축주에게 공개하지 못할 이유가 없습니다.

K_2013년 건설 수주액은 2002년 이후 11년 만에 최저치를 기록하는 등 시장상황은 갈수록 악화되고 있습니다. 하지만 건설업은 고용 창출과 경기에 미치는 영향이 큽니다. 부동산시장이 장기불황에 빠지면서 민간주택 건설이 줄고 정부도 공공공사를 축소하고 있습니다. 부동산 경기는 건설업은 물론 가계부채와 내수소비에도 직접적인 영향을 미칩니다. 이로 인해 일감이 적고 수주하기 힘들어 시공회사의 자금 사정이 어렵다고 합니다.

P_건설경기가 좋지 못하지만 소비자는 현명한 선택을 해야 합니다. 하지만 시공회사를 결정할 때 더 싼 곳을 찾아 비용만을 기준으로 선택하는 것은 위험한 일입니다. 적정 품질을 구현할 수 있는 수준의 공사비를 제안하는 경우가 아니면, 날림공사나 계약 후 설계 변경을 통해 공사비 증액을 요구할 수 있습니다. 계약금을 미리 지불하면 자금 순환이 좋지 않은 시공회사는 다른 현장의 비용으로 전용하기도 합니다. 자금력 있는 시공자를 선택하는 것이 현명한 판단입니다.

건설업의 경제효과와 경기침체

우리 경제에서 건설업의 전·후방산업 연관효과는 엄청나다. 고용과 소비, 생산유발 차원에서 제조업보다 더 높은 효과를 낳을 뿐 아니라 물류비 축소 등 국가경쟁력 기반을 제고하기도 한다. 1조 원의 건설업 투자가 1만3450명의 직접고용효과를, 연관산업에는 1만7629명의 간접고용효과를 가져온다는 연구결과도 있다.

최근 수년 동안 건설업계는 한마디로 '죽을 맛'이었다. 2012년 8월부터 2013년 9월까지 14개월 연속 국내 건설수주는 감소세를 면치 못했다. 이는 국제통화기금(IMF) 외환위기 직후였던 1997년 11월~1999년 3월의 17개월 연속 감소 이후 최장기간 부진이었다. 그러나 건설업계에 따르면 2014년 수주액은 지난해 90조6천억 원보다 3조3천억 원 증가한 93조9천억 원에 이를 것으로 전망된다.

〈월간중앙 2014년 4월〉, 최경호

추가 비용 발생 방지로 신뢰 쌓기

K_시공자를 결정하는 것은 어려운 선택입니다. 시공회사를 추천받은 후 견적을 듣고 아는 사람을 찾는 경우가 있습니다. 처음에 제시받은 견적보다 훨씬 싸게 해줄 수 있다 약속해 놓고 슬금슬금 추가 비용을 발생시킵니다. 이 경우에는 대체로 시공자가 설계를 존중하지 않습니다. 그러니 건축가도 감리하기가 만만치 않습니다. 결국은 건축주가 곤란하게 되고 속병을 앓게 되더군요.

P_기존의 많은 시공자가 관행처럼 해 온 잘못된 행태입니다. 처음의 약속을 변경하지 말아야 합니다. 추가 비용이 발생되면 불신이 생기며 건축주는 부담감을 느낍니다. 건축주는 추가 비용에 대한 믿음이 적습니다. 추가 비용이 생기지 않도록 해야 하며 이윤은 견적서에 제시된 것만 생각해야 합니다.

K_추가나 설계변경으로 인해 눈에 보이지 않는 요소가 공사에 많은 영향을 미칩니다.

P_그렇습니다. 불가피한 추가나 설계변경이라면 건축주와 시공자의 상호 이익이 되도록 해야 합니다.

K_건축주가 일가친척이 운영하는 시공회사와 함께 일 하겠다는 것을 어떻게 생각하십니까? 이런 경우 좋은 점도 있겠지만 약속한 공사비는 십중팔구 초과하게 될 것입니다.

P_경계하는 것이 좋습니다. 시공과정에서 아무런 문제가 없으면 다행이지만 서로 좋지 못한 관계가 될 수도 있습니다. 공사기간 내내 예측하지 못한 일들이 일어난다는 각오를 해야 합니다. 친인

척이라 해도 생각의 차이가 있을 수 있습니다. 친인척의 일을 불가피하게 한다면 타인보다도 더욱 명확하게 해야 합니다.

K_"인정에서 출발한 거래는 사람 잃고 돈 잃는다."는 말을 명심해야 합니다. 냉정하게 판단한 뒤 결정해야 분쟁을 겪지 않고 피해도 보지 않습니다. 설계가 확정되지 않은 채로 공사에 착수하는 경우도 있습니다. 시공자를 얼마만큼 믿을 수 있는 관계인가 하는 것이 관건입니다.

P_위험한 일이며 피해야 합니다. '일단 시작하고 보자'와 같은 경우는 문제가 생겼을 때 그에 대한 책임성을 따지기 어렵습니다. 시공 과정에서 어떤 일이 발생될지 아무도 예측하지 못합니다. 설계가 확정되지 않으면 착공하지 말아야 하며 설계 내용을 분명히 하고 시작해야 합니다.

K_설계 내용을 확정하고 계약서에 대해 건축주와 시공자가 동의한 후에 일을 시작하는 것이 좋습니다. 시공 과정에서 어떠한 변수가 생길지 모른다고 하셨습니다. 예측하지 못한 것은 무엇입니까?

P_외부 환경 변화로 기인되는 것이나 건축주의 생각 변화로 애매한 사항이 도출될 수 있습니다. 계약서에 정확히 명시해두지 않으면 시공자가 모든 것을 감수해야 할지도 모릅니다. 그래서 꼼꼼한 설계도면 검토가 필수적입니다. 건축주와 시공자는 합의된 내용을 설계도면과 내역서에 도장을 찍고 서로 확인해야 합니다. 한 장도 빠짐없어야 됩니다. 나쁜 시공자는 불리할 경우 도면과 내역을 바꿔치기 할 수 있습니다. 분쟁의 소지가 될 수 있으니 조심해야 합니다.

K_건축주가 시공자에게 설계부터 시공까지 맡기는 분도 있습니다. 설계와 시공을 일괄적으로 맡기는 것을 어떻게 생각하십니까?

P_좋은 방법이 아니며 지양해야 합니다. 소위 '업자, 집장사'라는 사람이 하는 행태입니다. 설계만큼은 건축주가 직접 설계자와 함께 해야 하며 시공자에게 맡겨두어서는 안 됩니다. 설계는 좋은 집을 지으려는 의지를 현실로 만드는 중요한 행위입니다. 설계에 관한 한 싼 게 비지떡입니다. 설계비를 절약할 수 있다고 생각할 수 있지만 싸구려 집을 지을 수 있습니다.

K_저도 같은 생각입니다. 설계와 시공은 반드시 분리하여 계약해야 합니다. 그래야만 설계자는 사심 없이 도면에 의한 정확한 내역을 만들고, 시공자는 품질의 수준을 확보할 수 있는 비용의 견적서를 제시할 수 있습니다.

P_그렇습니다. 분리하는 것이 합리적입니다. 드물지만 시공과 설계, 인테리어까지 체계화된 회사도 있습니다. 하지만 설계와 시공을 일괄적으로 맡기는 것은 지양해야 할 일입니다. 설계는 설계자(건축사)에게 맡겨야 하며 시공자와 협의하여 진행하는 것이 현명합니다.

건축인에 대한 불신이 크다

K_제가 볼 때 시공자는 부족한 공사비와 제한된 공사기간, 열악한 작업여건 속에서 일을 성공적으로 마무리하기 위해 최선의 노력을 기울입니다. 하지만 그들에 대한 불신이 팽배합니다. 그 원인은 무엇

이며 불신을 해소할 수 있는 방법은 무엇이라고 생각하십니까?

P_불신의 원인은 돈 관계가 아닐까요? 돈이 제일 민감합니다. 다음은 하자라고 봅니다. 그래서 건축주와 시공자가 돈 관계를 깨끗하게 정리하고 부실시공, 하자를 없애는 것이 불신을 해소하는 좋은 방법입니다. 추가금액은 발생시키지 않는 것이 좋으며 결정된 공사비는 변경하지 말아야 합니다. 제가 하는 방식입니다만 공사비의 1~2% 정도에 해당되는 변경이나 추가는 시공자가 부담합니다. 시공자의 진정성이 있을 때 '불신'의 늪을 헤쳐 나올 수 있지 않겠습니까?

K_사장님이 하신 이야기는 모두가 아는 좋은 방법입니다. 하지만 그것이 쉽지 않기 때문에 불신이 생기지 않을까요? 시공자는 돈을 우선시 합니다. 그런데 추가나 변경으로 발생되는 공사비의 1~2% 정도는 사장님이 부담하신다고요.

P_그 정도는 제가 부담합니다. 건축주에게 요구하지 않습니다. 건축은 자본 축척과 이윤 추구의 수단이며 교환 가치를 갖는 상품입니다. 하지만 시공자는 이익, 돈에 대한 욕심을 버려야 합니다. 많은 욕심은 불신을 낳습니다. 저는 계약서, 견적서에 제시한 이익이면 만족합니다. 건축주를 안심시키고 제가 조금 손해 보는 것입니다.

K_누구나 돈, 이익에 대한 욕심을 냅니다. 건축주에게 추가 비용을 요구하지 않는 것은 사장님이 자금에 대한 결정 권한을 소유하기 때문에 가능한 것입니다. 사장이기 때문에 가능합니다. 사장님은 경영자이자 기술자, 관리자이기 때문에 가능한 일입니다. 자금,

공사비에 대한 결정권이 없는 현장관리자는 불가능한 것입니다. 다른 회사라면 돈, 추가 공사비와 관련된 일은 결정권자의 지시 없이는 쓸 수가 없지요.

P_현장관리자가 경영자에게 설명하여 동의를 구하면 됩니다. 동의하는 경영자가 적을지 모르지만 설득시키기 위해 노력해야 합니다. 저는 남들과 다릅니다. 저처럼 하는 것이 쉽지 않습니다. 자기만의 원칙을 세우고 그것에 부합된다면 이익이 적게 남아도 그렇게 해야 합니다.

K_사장님의 의견에 공감은 가지만 행동으로 옮기지 못할 것입니다. 이익에 대한 욕심을 버리지 못합니다. 공사비에 대한 결정권은 대부분 현장에 없습니다. 관리자로서 역량을 펼치는데 한계가 있습니다. 쉽게 말해서 돈을 쓸 수 있는 권한이 없기 때문입니다. 시공자도 이익을 남겨야 합니다. 건축하기는 봉사활동을 위한 것이 아니라 궁극적으로 경제적 이익을 내기 위한 것이니까요.

P_이해합니다. 추가 비용을 발생시키지 않기 위한 것입니다. 현장기술자의 의견을 존중하고 공사비 집행에 대한 결정권을 관리자에게 주어야 합니다. 물론 신뢰가 뒷받침 되어야 할 사항입니다. 건축하기의 근본 목적은 좋은 집을 짓는 것입니다. 그러면서 이익을 남기고 좋은 평가도 듣고 계약에 대한 약속을 지켜야 합니다. 큰 비용이 들지 않는 범위 내에서 인간적인 정도 베풀고 서비스도 해 주어야 합니다. 좋은 건축을 하기 위한 시공자의 노력입니다.

K_심리학자들은 인간이 '확정 편향(Confirmative bias)'에서 벗어나기 어려운 존재라고 설명합니다. 한번 고정화된 편향은 쉽게 바뀌지

않습니다. 일반인은 건축인에 대한 부정적 편향을 보입니다. 시공자는 장사꾼, 업자라는 편견이 심하고, 돈 따라 움직이는 경제 집단일 뿐이라고 단정합니다. 건축인에 대한 좋지 못한 선입견과 불신이 확정 편향적이죠. 일부 건축인의 나쁜 관행 즉, 담합, 불공정거래, 부실공사, 하자, 돈 떼먹기, 사기, 횡령, 뇌물, 상납 등으로 부정적인 이미지가 강합니다. 이것이 건설업계의 고질적인 문제점이며 불편한 진실입니다. 이런 안타까운 현실을 개선할 수 있을까요?

P_사실이며 부정부패는 현재진행형입니다. 건축인이 자초한 결과로서 무거운 자괴감을 숨길 수 없습니다. 사기, 부도, 횡령, 뇌물과 같은 사회 문제는 모든 것을 '돈의 논리'로 환산하는 소비 사회와 깊은 연관이 있습니다. 하루아침에 해결될 문제는 아닙니다. 문제의식을 계속 가지면 언젠가는 해결책이 하나씩 도출될 것입니다. 자신부터 고쳐야 하며 자기만의 약속, 원칙을 정해서 그것을 지키도록 노력해야 합니다. 부정부패로는 좋은 건축을 할 수 없습니다.

K_세상 사람들이 저지르는 나쁜 일 가운데에는 마음먹고 의도적으로 하는 것만 있는 것이 아닙니다. 미필적 고의라는 것도 있습니다. 이 메커니즘을 끊어야 합니다. 시공자에 대한 부정적인 편향, 불신은 스스로가 만든 측면도 있다고 생각됩니다. 나쁜 관행을 일삼는 사람이 문제입니다. 건축인은 일반적인 관습에 빠지고 그에 대한 자각 없이 나쁜 행위를 반복합니다. 나쁜 관행에 대한 암묵적 동의가 이루어지는 것 같습니다. 도덕적 각성이 필요합니다.

P_일반적인 정서이며 잘못된 현실입니다. 나쁜 관행이나 습성에 동

조하는 현상(Conformity)도 있습니다. 건축인은 건전한 건축적 가치관을 갖고 책임의식을 느껴야 합니다. 부실, 부정, 부조리 건축에는 긍정적인 가치가 스며들 여가가 없습니다. 부실공사, 뇌물, 사기와 같은 부정적인 문화가 거울에 비치는 자신의 모습이 아닌지 유심히 살펴보아야 합니다.

K_더 비판적인 시각도 있습니다. 이화여대 임석재 교수는 "지금 건축 종사자들은 우리의 건축을 둘러싸고 벌어지는 사회적 상황에 대해 비판이나 개선은 엄두도 못 내고, 그렇다고 즐거운 마음으로 동참해서 앞장서서 이끌어가는 것도 아니다. 사회적 상황에 굴복하고 종속되어서 끌려가고 있는 것이다."라고 합니다.

P_그렇습니다. 하지만 그렇지 않은 사람도 많습니다. 건축에 대한 책임의식과 건전한 건축적 가치관을 가진 사람이 많아지면 조금 더 나은 사회로 변할 것입니다. 시대 흐름에 맞지 않는 사고방식과 제도, 관행을 떨쳐내야 합니다. 한사람의 실천이 더 많은 사람의 실천으로 이어져 사회적 변화로 확장될 것입니다. 자신부터 바뀌어야 합니다.

K_건축인은 사회가 조성한 편견이나 자신들이 만든 고립된 섬에 갇히거나, 아니면 좋은 건축의 길을 선택해야 하는 시점에 서 있습니다.

P_부조리를 고치려는 의지에 대한 '사회적 신뢰'가 절대적으로 필요합니다. 한 사람이 바꿀 수 있는 것이 얼마 되지 않는 것처럼 보이지만 변화 과정에서 여러 사람들에게 영향을 미칩니다. 한 사람이 변화의 메신저가 될 수 있습니다.

비판적 기능으로서의 건축

올바른 건축을 실현할 수 없는 온갖 장애물들을 타파할 공동 노력을 시작도 하지 못하는 무력감은 어디에서 연유하는가. 그것은 모두 우리들 내면의 허약함에 있다. 건축을 가르치고 배우는 학교와 설계사무실과 건축 잡지에 있다. 그들이 기반하는 건축에 대한 왜곡된 인식과 건축의 자율성에 대한 환상과 세계건축에 대한 열등감에 있다. 모든 걸림돌은 전적으로 건축인 내부에 있다. 만일 각자 자기가 선 자리에서 최선을 다한다고 하여도 사실상 무의미한 것이 무엇을 위해 어떤 것에 최선을 다하느냐 하는 것이 더 중요하기 때문이다.

건축의 위기를 자초한 사람들은 건축인들 자신이다. 그것은 건설경기의 침체나 건축주들의 폭력이나 공무원들의 횡포나 시공자들의 의지에 딸린 일들이 아니라 세상을 향해 큰 목소리를 낼 만큼 그들이 마땅히 해야 할 일을 안 하고 있고, 또 안 해왔기 때문이다. 사회적 발언을 해야만 하는 경우가 무수히 널려 있는데도 침묵으로 일관하고 있고, 세상의 비난을 받아야 마땅한 사람들이 건축계의 두둔 속에 안주하기 때문이고, 부정한 방법으로 일을 따내고도 건축을 문화라고 말하기 때문이다. 우리들 스스로에게 말고는 누구도 원망할 대상이 없다.

그러므로 스스로 비판의 칼을 갈지 않는 한, 아무도 건축계와 건축인을 돌보지 않을 것이다. 개인적 욕망과 직업적 무관심에 사로잡혀, 내 건축을 한다는 집념 속에 불타는 나는 누구이며 내 건축은 무엇인가. 누가 뭐래도 건축가는 건축으로 말하는 것 이외에 할 일이 없다고 말하는 사람들의 건축은 어떤 세계에 존재하는 건축을 말하는 것일까. 인간이 세계내의 존재이듯 건축도 또한 한 시대와 한 사회 내에 존재한다.

우리는 어느 시대와 어느 사회 밖에서 존재할 수 없다. 이 시대와 이 땅이 울부짖는 비판정신으로 이제 우리들 행동의 능력을 보여줄 때다. 우선 우리들 스스로를 과감하게 비판하고, 천민자본주의로 치닫는 이 사회를 비판적 시각으로 바라보며 경제논리를 대신할 문화적 논리의 칼을 갈아 때로는 전국의 건축인들이 부당하고 정의롭지 못한 것을 베어버릴 수 있다는 의지를 보여주어야 할 것이다. 어느 날 전국의 건축인들이 이 시대 이 비극적 환경에 대한 책임을 통감하고 '파업'을 시작했다는 신문기사를 볼 날을 기대한다. 건축의 비판적 기능의 꽃은 자기부정이다. 그렇게 해서라도 거듭나지 않는다면 이 땅의 건축인들에게 희망은 없다.

〈건축과환경 0111〉, 정기용

K_부실공사, 부조리 등으로 건설 산업에 대한 국민들의 인식이 좋지 않습니다. 국민들은 담합, 하도급 비리 등 건설 부조리에 대한 우려와 불신이 깊습니다. 불신의 오명을 벗어야 합니다.

P_건설업은 내수경기 활성화를 위한 핵심 산업입니다. 담합, 하도급 비리 등 부조리를 유발시키는 제도적 문제점을 개선해, 마음 놓고 경영에 전념할 수 있는 여건을 만들어야 합니다. 모두 건설인, 건축인의 책임입니다. 건설 산업이 부조리 없는 클린(clean) 산업으로 거듭날 수 있도록 노력해야 합니다.

기술자의 고정관념을 깨자

K_건축인은 사회공리와 정의를 지키는 책무를 가져야 합니다. 불합리한 일들을 보며 제가 느끼는 것은 기본과 원칙에 충실하지 않은 사회 시스템의 무력감입니다. 현장기술자의 일상적인 나쁜 행동이나 관행, 습성이 문제입니다. 때문에 새로운 방법의 실천이나 기술의 적용이 어렵습니다. 대부분의 현장기술자는 매너리즘에 빠져 기존 방식만 고집합니다.

P_소위 건축 경험이 많은 사람은 대부분 고집이 셉니다. 고정관념에서 벗어나지 못하기 때문입니다. 자기가 아는 것 이외에는 받아들이지 않고, 또 알고 있는 것을 남에게 알려주지 않으려는 배타적 습성이 강합니다. 제가 만나본 기술자들은 자기 편견이 심하다는 인상을 받았습니다. 각자의 단편적인 프레임에 갇혀 있어 대화가 어렵습니다. 자기만의 방식을 고집하고 새로운 방법이나 시도를 반기지 않습니다. 구태의연한 방법을 반복합니다. 잘못된 습성입니다. 기본과 원칙에 충실해야 합니다.

K_기존의 틀을 벗어나면 훨씬 자유로워지고 그 만큼 창조적인 방법이 나올 수 있습니다. 현장기술자의 열린 사고와 발상의 전환이 필요합니다. 앞에서 이야기한 좋지 못한 관행을 해 보신 적 없습니까?

P_전혀 없습니다. 일이 깨끗이 정리된 후 감사한 마음을 표시한 적은 있습니다만 저는 남들처럼 하지 않았습니다. 남들처럼 했다면 아마 소문이 났을 것입니다. 차별화 전략이 필요합니다. 시공을 위한 노력과 시공자의 행동도 절대로 남들처럼 하면 안 됩니다.

K_한 번 집을 짓고 난 사람은 그 집을 지었던 시공자를 다시 찾지 않습니다. 일반적인 모습이라 할 수 있습니다. 고정 고객이 되지 않는 것이며 그것은 신뢰와 믿음이 없기 때문입니다.

P_시공자의 잘못이 크다고 생각합니다. 건축주에게 신뢰감을 주지 못했거나 만족시키지 못한 결과입니다. 건축주는 건축 소비의 주체라 하지 않았습니까? 건축주와 좋은 관계를 유지해야 합니다. 월급을 주지 않아도 영업 활동을 해주는 사람을 놓칠 수 있습니다. 고정 고객을 확보하는 것이 중요한데 그렇지 못하면 결국 사업이 어려워집니다.

K_모든 것의 원인은 한 쪽에만 있지 않지요. 각자 어느 정도 원인을 제공할 것입니다. 하지만 시공자는 고객을 확보하는 것이 중요합니다. 고객 확보가 곧 영업이니까요. 돈이 아니라 사람에 충실한 집을 지어야 한다는 말씀 같습니다. 사장님은 건축주와의 관계를 잘 유지하여 사업 수주에 어려움이 없었다는 것입니까?

P_고정 고객이 생기지 않으면 남을 탓하기 보다는 시공자가 자신을 돌아봐야 합니다. 수주에 큰 어려움은 없었습니다. 건축적 가치관이 남들과 달라야 하고 사고의 전환이 필요합니다. 어렵지 않은 일입니다.

K_시공자의 이중성(二重星), 단가 속임, 속임 견적, 저가공세와 같은 행위도 비일비재합니다.

P_맞습니다. 냉철하게 반성해야 합니다. 건축인의 자기 성찰(省察)과 자기 정정(貞正), 자기 개혁(改革)이 필요합니다. 건설업계 전반의 저가 수주는 심각한 위기에 직면할 수 있습니다. 남을 속여

서는 진실의 건축, 좋은 건축을 할 수 없습니다.

K_"남의 집이 아니라 내 식구가 들어가 살 집을 짓는다 하는 마음으로 그저 최선을 다한다."와 같은 시공자의 말은 믿지 말라고 합니다. 늘 하는 말이기 때문입니다.

P_이해할 수 있습니다. 우리 사회에서 시공자에 대한 불신의 척도를 가늠할 수 있는 말입니다. 사람들은 바른 말을 하면서도 언행이 일치하지 않는 경우가 많습니다. 구두선(口頭禪)으로 그쳐서는 안 됩니다. 시공자는 말보다는 직접적인 성과와 결과로 보여주어야 합니다. 약속을 행동으로 옮겨야 합니다.

K_건축은 좋은 사회를 물리적으로 구현하는 사회적 활동이며, 시공자, 설계자가 제대로 존중받는 것은 좋은 사회의 핵심 요건입니다. 건축가 유걸은 "건축물은 소유하기 위한 것이 아니라 사용하기 위한 것이며, 우리의 문화적 생활과 환경을 구현하기 위한 것이므로 그 내용을 만드는 작업을 누가 하는가에 대해 사회가 함께 생각해봐야 한다."고 지적했습니다. 건축인에 대한 우리 사회의 잘못된 인식과 오해가 하루 빨리 없어졌으면 좋겠습니다.

P_그렇습니다. 건축인에 대한 올바른 인식이 필요합니다. 시공자는 자기 노력으로 지식과 균형 감각을 쌓고 성실성과 기술로 무장해야 합니다. 사회적으로 만연한 부조리와 나쁜 관행을 거부하고 좋은 건축을 해야 합니다. 그래야만 원하는 것을 얻을 수 있습니다.

건축 영업이 건설업의 핵심인가

건축 영업은 자기 경쟁력과 기술이다

K_수주 경쟁이 치열합니다. 건설업은 경험 많고 경영 능력을 갖춘 사장의 강력한 리더십과 영업력이 없으면 경쟁에서 살아남기 어렵습니다. 그 중에서 건축 영업(Marketing)은 건설업의 핵심입니다. 사장의 영업력, 수주 능력이 경영의 전부라 할 수 있습니다. 그래서 영업 담당자를 두거나 정치적이며 사교적인 외부 활동에도 참여하기도 하죠.

P_건축 영업은 중요합니다. 사장의 능력과 역할이 중요하지만 한 사람에 의해 회사가 좌지우지되는 것은 좋지 않습니다. 조직과 관리, 시스템에 의해 운영되어야 합니다.

K_조직과 기술자의 관리 능력, 회사의 시스템이 중요하다고 생각합니다. 작은 건설회사는 사장 한 사람에 의해 운영됩니다. 일반적으로 사장의 능력을 무시할 수 없으며 사장이 영업을 책임지기도 합니다.

P_사장의 가치관, 원칙, 영업력이 중요합니다. 그렇지만 저의 지론

(至論)은 건설업에서 별도의 영업 행위가 필요 없다는 것입니다. 영업을 위한 영업은 필요 없습니다. 음성적인 영업 행위가 성행하는 한 우리나라의 건축은 후진성을 벗어나기 어렵습니다.

K_무슨 말씀입니까? 영업을 통한 수주가 있어야 사업을 지속할 수 있습니다. 영업 활동을 하지 않으면 어떻게 사업을 지속할 수 있습니까?

P_좋은 건축을 하기 위한 노력이 영업입니다. 저는 의식적이며 형식적인 영업 활동은 하지 않습니다. 영업 방법이 남들과 다릅니다. 앞에서 이야기 한 것처럼 집을 잘 짓는 것이 영업입니다. 집을 짓는 건축행위가 직접적인 영업 활동입니다. 건축주는 월급 안주는 영업 사원이라 할 수 있습니다. 제대로 된 집을 지으면 그들이 건축 영업을 해 줍니다. 감사하지 않을 수 없습니다.

K_건축주가 자연스럽게 영업 활동을 해 준다는 말씀이군요. 어느 정도 이해는 되는데, 사장님 스타일의 영업 활동이 한계에 부딪친 적 없었습니까? 수주의 문제가 발생되지 않았습니까?

P_전혀 문제되지 않았습니다.

K_소극적인 방법이라 생각되며 좀 더 적극적인 노력이 필요하지 않을까요?

P_가장 효과적인 방법이라 생각합니다. 직접적이며 실제적인 사실(Fact), 즉 건축이라는 상품, 품질을 보여주는 것이 가장 좋습니다. 건축의 품질로 승부해야 합니다. 집 짓는 자체가 영업 활동임으로 가식적인 노력이 필요하지 않습니다.

K_건축물은 건축주의 소유가 되는 동시에 공개된 광고 모델이 되는군요. 집을 짓고 나면 시공자도 만족해야 하며 좋은 평가를 받아야 합니다. 그래야만 건축 영업이 이루어지고 수주로도 연결될 것입니다. 사장님의 방식으로 영업의 효과를 얼마나 기대할 수 있을까요?

P_시공자는 건축, 건축의 품질로 평가됩니다. 제 생각에는 더 좋은 영업 방법이 없습니다. 영업 효과가 아직까지 지속되고 있습니다. 저를 찾는 사람이 많습니다. 거짓말이 아닙니다.

K_시공자는 건축의 품질로 평가되어야 한다는 말씀, 당연한 이야기면서도 인상적인 말이네요.

P_결국 품질은 약속을 지키는 것입니다. 시공자는 약속을 이행해야 합니다.

K_건설 산업이 국민총생산에서 차지하는 비중(2007년)은 18% 정도입니다. 지난 50년간 경제성장의 한 축이었던 건설 산업이 더 이상 핵심 성장 동력이 아니라는 의견도 있습니다. 잘 아시겠지만 건설 경기가 좋지 못해 건설업을 한다는 자체가 어려운 상황입니다.

P_개인만이 아닌 사회 전체가 어려운 시기입니다. 경기침체가 장기화 될수록 자기 자신을 일으켜 세워야 합니다. 자신이 열심히 하지 않으면 경기는 결코 회복될 수 없을 것입니다. 불황 속에서도 돈을 버는 사람이 있습니다. 경기만을 탓할 수 없습니다.

건설사 빈사상태

취득세 감면 종료에 따른 '주택 거래절벽'과 '미분양 누적', 4대강 공사담합 조사, 해외건설 수천억원대 적자, 부도업체 급증…. 한국 건설업계의 현주소다. 외환위기 때보다 훨씬 심각한 '시계(視界) 제로' 상태라는 게 전문가들의 진단이다. 1970년대 '중동 건설 붐' 이후 국가경제의 탄탄한 '기둥'이었던 시절과는 정반대 모습이다. 최근엔 단군 이래 최대 국책사업이라던 '4대강 공사'를 완료했지만, 칭찬은커녕 '담합 논란'에 휩싸이면서 건설인들의 사기는 크게 떨어졌다.

30일 건설업계에 따르면 건설 산업이 1940년대 태동 이후 70년 만에 최대 위기를 맞고 있다. 올 들어 쌍용건설 한일건설 등 중·대형 건설사들이 잇따라 워크아웃(기업재무개선)·법정관리(기업회생)를 신청하는 바람에 업계 순위 100위 이내 회사 중 21곳이 부실기업 명단에 이름을 올렸다.

공사물량도 줄어드는 추세다. 대한건설협회에 따르면 올해 1분기 국내 공사 수주액은 16조5149억원으로 작년 같은 기간(25조4519억원)보다 35.1%나 감소했다. 이로써 대형 건설사까지 수천억원씩 적자를 내는 등 부실 공포에 휩싸였다. 올해 공사물량도 지난해(101조5000억원)보다 3.4% 줄어든 98조원으로 2005년 이후 8년 만에 처음으로 100조원을 밑돌 것으로 예상됐다.

부동산시장이 장기불황에 빠지면서 민간주택 건설이 줄고, 정부도 공공공사를 축소하고 있어서다. 여기에 해외 공사마저 줄줄이 적자를 내자 업계에서는 '껍데기 수주'라는 비판이 나오고 있다.

김수삼 성균관대 석좌교수는 "건설업이 고용 창출과 경기 진작 등에 미치는 영향이 막중하다"며 "정부가 더 늦기 전에 연착륙 방안을 내놓아야 한다"고 지적했다. 미국·유럽 등 선진국들은 일정 수준의 사회간접자본(SOC) 공사를 유지하면서 건설 산업과 종사자들을 보호한다고 덧붙였다. 건설업계 종사자는 중개업 인테리어 등 연관 산업을 합쳐 236만명(지난해 통계청 기준)에 이른다.

〈건설경제신문〉, 2013.6.30

K_과거에 건설업은 위험이 높지만 상대적으로 이익이 많은 산업이었습니다. 그러나 경쟁이 치열해지면서 위험은 여전히 높고 그에 비해 이익이 낮은 산업으로 바뀌었습니다. 따라서 이러한 경쟁을 딛고 살아남기 위해서는 체계적이고 효율적인 대안을 모색해야 합니다. 불황기에도 기회는 있습니다. 어떻게 하면 어려운 경제 여건과 치열한 경쟁 구도 속에서 살아남을 수 있을까요?

P_누구도 따라올 수 없는 '자신만의 경쟁력'을 확보해야 합니다. 경쟁사보다는 가격 경쟁력이 있고 이익을 창출할 수 있는 견적을 만들 수 있어야 합니다. 그래야만 수주 싸움에서 이길 수 있습니다. 위험을 극복할 수 있는 지혜와 기술도 갖추어야 합니다. 경쟁에서 이길 수 있습니다. 무엇보다도 건축주에게 믿음을 줄 수 있는 능력이 있다면 최고의 무기가 될 것입니다.

K_저는 사장님께서 성공할 수 있었던 요인 중 하나는 '정확한 견적'을 만들어내는 것이라는 생각이 듭니다. 핵심은 철저한 도면검토를 통해 변경을 최소화할 수 있는 견적을 만들어내는 것이죠. 변

경이나 추가를 통해 비용(건축비)에 대한 부담을 건축주에게 주지 않습니다. 그러니 신뢰는 자연스럽게 생깁니다.

P_잘 보셨습니다. 일을 잘하는 것이 중요하지만 정확한 견적을 만드는 능력도 필수적인 요건입니다. 변경이나 추가는 없도록 하며 처음의 단추를 잘 꾀어야 합니다.

K_시공자는 자기 자신과 사업의 성공을 위해 끊임없이 노력해야 할 것입니다. 태백산맥, 아리랑, 한강, 정글만리 등으로 유명한 소설가 조정래도 작가의 끊임없는 노력을 강조합니다. 그는 "소설의 위기니, 문학시장의 황폐화니 하는 말을 극복하는 건 작가의 책임이다."라고 말합니다. 작가에게 감동과 영감을 주는 책을 쓸 것을 요구합니다. 작가도 엄청난 노력을 하더군요.

P_우리나라를 대표하는 최고의 작가도 하루도 빠짐없이 글을 쓰고 노력합니다. 그렇다면 저 같이 평범한 사람은 어떻게 해야 하겠습니까? 더욱이 남을 만족시키려면 노력에 노력을 더해야 합니다.

영업 전략은 시공자의 진심이다

K_건설업에서 영업, 수주만큼 중요한 것은 없습니다. 사장님의 영업 전략 (Business strategy)과 비결은 무엇입니까?

P_사업에는 '진심(眞心, Earnest), 진정성'이 필요합니다. 그리고 좋은 품질의 집을 짓는 것이 영업 전략입니다. 저는 건설업을 서비스업이라는 것에 초점을 맞추고 사람을 잘 관리합니다. 하자 없는 건축으로 건축주에게 믿음을 주며 하자 관리에 매진해야 합니

다. 그것이 전략의 핵심이며 기술입니다. 매년 일정한 때에 제가 지은 집을 방문하여 관리가 잘못된 곳이나 하자를 사전에 확인합니다. 그러면 하자도 차단할 수 있습니다.

K_생각보다 너무 단순하네요. 진심과 신뢰로 좋은 품질의 건축을 위해 노력하시고 하자가 없도록 최선을 다하시군요. 건축 품질과 신뢰(믿음)가 전부이군요.

P_네, 건설업에서 두 가지 외에 필요한 사항이 있을까요? 없다고 생각합니다. 저는 진심을 담아 집을 지었습니다.

K_세상에 진심만큼 통하는 것이 없고 정성을 다하는 것만큼 훌륭한 영업 기술은 없다고 확신합니다. 사장님의 방식에 크게 공감합니다. 철저한 하자관리가 영업적 효과를 내고 신뢰감을 주며 그 신뢰는 새로운 수주로 연결됩니다. 신뢰는 약속을 지키기 위한 노력과 땀, 수고와 같은 구체적인 행동으로 나타나는 것 같습니다. 하자관리, 영업, 신뢰, 수주의 관계가 연결된 구조로 작동합니다. 건축의 품질을 높이기 위한 사장님의 노력과 정성이 공사 수주로 되돌아오는 것이군요. 사필귀정(事必歸正)의 기제가 작동하여 수주로 이어지는 것은 아름다운 선순환(善順換)입니다.

P_그렇다고 할 수 있습니다. 진심과 성실만이 성공의 열쇠입니다. 성실한 노력은 소비자의 감동을 끌어내고 신뢰를 쌓을 수 있습니다. 누누이 강조하지만 남들과 달라야 하고 남들이 하지 않는 일에 정성을 다해야 합니다. 성공하는 지름길은 당연해 보이지만 하지 않게 되는 하찮은 일을 하는 것입니다. 특히 건축하자 관리에 최선을 다해야 합니다.

좋은 건축의 순환 과정(Process)

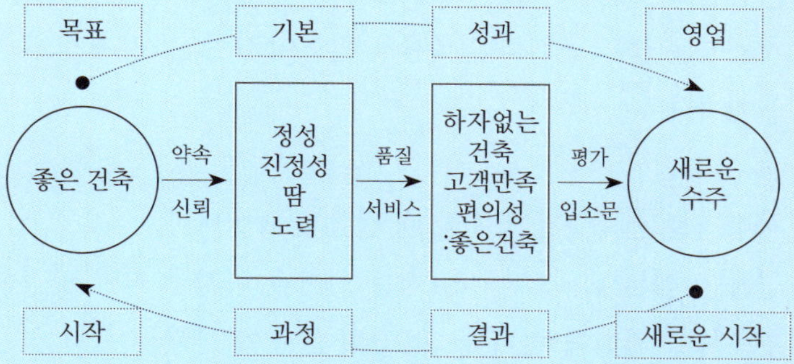

***K*_**모든 사업이 그렇겠지만 건설업도 사람을 다스리는 일입니다. 사람관리가 핵심이라 할 수 있습니다. 이 말은 아무리 강조해도 지나치지 않습니다. 모든 것에 우선하는 것이 사람과 사람 관리 아니겠습니까?

***P*_**그렇습니다. 다 아는 사실이지만 쉽지만은 않습니다. 건축주, 설계자, 현장기술자, 하도급업자, 노무자 등 모두 관리해야 할 대상입니다. 항상 '배려'라는 단어를 가슴에 새기면 좋겠습니다.

***K*_**말씀하신 것처럼 건설업은 서비스업이며 최상의 서비스 제공이 필요합니다. 고객의 마음을 읽을 수 있으면 좋겠습니다. 설계자는 집에 대한 설계 개념이나 디테일, 전경사진 등으로 액자를 만들고 모형과 같이 선물하는 경우도 있습니다. 시공자도 일반적인 선물 보다는 그 집에 필요한 작은 물건을 선물로 주기도 하고요. 건축주에게 공사 완료 후 집에 관련된 내용이나 마음을 담은 작은 선물을 주는 것을 어떻게 생각하십니까?

P_선물은 감사한 마음의 표시라고 생각합니다. 작은 선물이 사람의 마음을 움직일 수 있습니다. 설계자의 선물이 좋다고 생각합니다. 시공자는 좋은 품질의 건축물을 만들어 내는 것 자체가 훌륭한 선물입니다.

K_사장님은 건축주가 입주할 때 선물을 하십니까?

P_선물을 해본 적 없습니다. 저는 선물을 하지 않지만 일정한 때에 건축물을 관리해 줍니다. 오고 가는 길에 들러서 혹시 있을지 모를 하자에 대해 점검합니다. 이것이 건축주에 대한 최고의 선물이라 생각합니다.

K_역시 남다른 선물입니다. 오래 전에 지었던 건물도 지속적으로 관리하면서 끝까지 책임을 지시는군요. 건축주가 좋아하지 않을 수 없겠네요.

P_그렇습니다. 그렇게 하면 오히려 제가 선물을 받습니다. 그 동안 많은 선물을 받았으며 매년 선물을 보내오는 건축주도 있습니다. 사실입니다.

건축 품질은 수주로 이어진다

K_앞에서도 이야기 했지만 최근에는 관급공사 발주 물량도 줄었다고 합니다. 사업을 하시면서 관급공사에 대한 관심은 없었습니까? 사급공사(민간공사), 관급공사 중 어디에 더 치중하셨습니까?

P_사업 초기에는 관급공사도 했습니다. 농어촌공사의 토목 관련 공

사도 했습니다. 사업이 어느 정도 안정되었을 때에는 자연스럽게 사급공사, 즉 민간공사에만 치중했습니다. 토목 일은 하지 않고 건축 일만 했습니다.

K_그래서 사급공사와 관련된 이야기가 많았군요. 사급공사의 경험 중 관급공사에서는 적용할 수 없는 사항도 있을 것 같습니다. 사장님은 건설업이 아니라 집 짓는 일, 건축업에 집중하셨습니다. 사업 중심을 자금 결제가 확실하지 못한 사급공사에만 한정하셨기 때문에 사업이 어렵지 않았습니까? 그럴 필요가 있었습니까?

P_관급공사가 좋은 점이 많습니다. 하지만 입찰하고 관리하는데 신경 쓸 여력이 없었습니다. 사급공사에 집중하는 것이 좋았으며 집 짓는 일이 많았습니다.

K_사급공사는 일이 끝나도 돈을 받지 못하기도 합니다. 그래서 관급공사, 입찰에만 치중하는 회사도 있습니다. 나쁜 건축주로 인해 공사비를 받지 못하면 시공자는 어려움에 처합니다.

P_저는 돈을 받지 못한 적 없습니다. 공사 실적이 좋다면 관급공사에 치중하는 것이 좋습니다. 선택과 집중이 필요합니다. 민간인을 대상으로 영업하기 벅차고, 인간관계나 영업력 위주로 활동하기 어려우면 관급공사에 치중하는 것도 좋은 방법입니다. 잘 할 수 있는 방향으로 가야하며 목표와 영역을 분명하게 설정해야 합니다.

K_건설경기가 나쁘고 위축 될수록 사급공사 물량이 줄어듭니다. 수주 경쟁은 더욱 치열합니다. 사급공사 수주는 불확실하고 한계가

있을 것입니다. 사급공사에만 치중하셨는데 수주에 어려움은 없었습니까?

P_없었습니다. 물론 경기가 좋지 못할 때는 물량이 적을 수 있습니다. 하지만 일이 없어서 어려워 본 적 없습니다. 수주 걱정은 전혀 하지 않았습니다. IMF 외환위기 시절에 오히려 일이 많았으며, 건설경기가 좋지 못해도 할 수 있을 만큼의 일은 있었습니다.

K_대부분의 시공자는 공사비 결제가 확실한 관급공사를 선호할 것 같습니다. 언제부터 사급공사에만 치중하셨습니까?

P_아마 사업 초창기라 할 수 있는 1995년일 것입니다. 사급공사 수주가 많이 밀려 있어서 관급공사를 할 필요가 없었습니다.

K_사장님은 건설경기에 영향 받지 않고 사업하셨다는 말씀 같습니다. 사급공사는 일의 연속성이 불확실합니다. 일이 연속적으로 생긴다는 사실을 대부분 믿지 못할 것입니다. 수주의 연속성을 보장할 수 없습니다. 현실적으로 가능한 일입니까?

P_가능합니다. 저에게 일을 맡기는 분들은 기다려야 했습니다. 5~6개월 정도는 보통이며 1년 이상을 기다려야 했습니다. 건설경기가 좋을 때와 나쁠 때에도 일은 있었습니다. 불경기에는 기다리는 시간이 줄거나 일을 못해 주는 경우가 조금 적었습니다. 하지만 한 해의 일(수주) 양은 매년 비슷했습니다.

K_사장님 말씀을 듣고도 잘 믿기지 않습니다. 요즘 제 주위 분들도 건설경기가 나빠 사업하기 힘들고 어렵다는 사람이 많습니다. 수주난이 심화되고 있습니다. 건설업계는 자금난과 일감 감소까지

겹쳐 매우 어려운 시기입니다. 국내 경기 침체가 지속되고 세계 경제도 불안하여 전반적인 여건이 녹록하지 않은 것 같습니다.

P_건축을 어떻게 하느냐에 달려 있습니다. 건축하자를 줄여야 합니다. 남들과 다르게 열심히 정직하게 하면 경기에 영향 받지 않습니다. 약육강식, 적자생존의 가혹한 세계에서 살아남으려면 남들과 달라야 합니다. 사람들은 입으로는 '큰일이다', '힘겹다', '어렵다'고 말하면서도 쉬는 날은 빠짐없이 챙깁니다. 취미생활을 즐기고 친구와 놀면서 사업에 써야 할 시간을 낭비하고 있습니다. 결국 자기 자신의 문제입니다.

K_경영자가 사업을 열심히 해도 어려운 상황에 처할 수 있습니다. 건설업은 경기에 영향을 받지 않을 수 없지요. 하지만 경기가 나쁘다고 모두가 어려운 건 아니고, 경기가 좋다고 해서 모두가 좋은 것도 아닌 것 같습니다.

P_사업이 어렵거나 수주가 부진하면 경영자 자신을 돌아봐야 합니다. 장기 불황이라든지 경기 침체라는 변명은 통하지 않습니다. 경영자가 직원의 사기를 올려주고 업무를 성실히 이행했는지 생각해 봐야 합니다. 중소기업은 경기침체와 소비불황에 관계없이 경영자의 치밀한 노력만으로 어려움을 극복할 수 있습니다. 설령 경기가 회복된다 해도 자신의 노력과 시간을 쏟아 붓지 않고, 타력에만 의존해왔던 사람에게 기회는 없습니다. 건설경기가 좋지 못해도 언제나 수요는 있습니다. 수요자 마음을 끌기 위한 준비와 노력이 필요합니다.

수주를 위한 인맥 쌓기와 사업 범위 설정

K_많은 사람들이 간접적인 영업 활동으로 각종 클럽이나 사교 모임에 나가기도 합니다. 인맥을 쌓기 위한 것입니다. 동창회를 비롯해 산악회, 계모임, 운동모임에도 나가 인맥을 넓혀야 한다고 생각하는 것이죠.

P_그와 같은 활동을 나쁘게만 생각하지 않습니다. 물론 저도 개인적인 모임이 있지만 그것을 이용해 영업 행위를 하지 않았습니다. 오히려 친구가 집을 지어달라면 다른 사람에게 하라고 권유합니다.

K_그럼, 사장님은 어떻게 인맥을 관리하십니까?

P_인맥을 쌓는다거나 고객을 특별히 관리하지 않습니다. 건축 품질과 하자만 관리합니다. 앞에서도 이야기 한 것처럼 인맥을 쌓기보다는 건축, 즉 시공에 전념합니다. 거짓 없는 건축을 하는 것입니다.

K_성공적인 수주를 위해서 회사의 지명원을 주거나 향응을 베풀고 인지도를 높이기 위해 노력합니다. 이것이 영업을 위한 일반적인 행태입니다.

P_대다수 건설회사가 하는 스타일이며 다들 그렇게 사업을 합니다. 하지만 저는 남을 흉내 내지 않았습니다. 수많은 회사가 모두 똑같은 비즈니스 모델과 전략을 지향하는데, 제가 그들을 흉내 낸다면 성공할 수 있을까요? 경쟁 회사와 달라야 합니다. 경영은 경쟁자를 의식하는 것이 아니라 오직 고객의 입장에서 진심을 다하

는 것입니다. 경쟁자는 고객의 마음입니다. 자기(自己) 방식대로 해야 합니다. 수요자에게 어떤 이익을 제공할 수 있는지 고민해서 그것이 무엇인지 알려야 합니다.

***K*_**건축 영업 활동을 위해 지명원이나 브로슈어를 만들어 회사이름과 실적을 홍보합니다. 다양한 매체를 이용해 광고도 냅니다. 수주를 위한 다양한 노력입니다.

***P*_**저는 광고해 본 적 없습니다. 그와 같은 노력이 필요합니까? 저는 회사와 제 자신의 홍보를 위해 회사 명칭이나 제 이름을 한 번도 사용하지 않았습니다. 지역 행사에 협찬이나 기부를 할 때도 그냥 일정 금액만 찬조할 뿐입니다. 명함도 창업 때 만들었던 것을 쭉 사용했으며 한 번도 다시 만들지 않았습니다. 처음 만들었던 명함을 다 사용하고 사업을 마쳤습니다. 우연히도 정확하게 맞았습니다.

이 수 건 설(주)
대표이사 박 성 봉
경남 함안군 가야읍 말산리 171-6
TEL : (055) 584-57
FAX : (055) 584-43
H·P : 011-572-

■ 박성봉 사장의 소박한 명함

***K*_**제가 받은 명함이 마지막인가요? 참 신기한 일입니다. 사장님의 방식이 이해되지 않습니다. 이미지 마케팅(Image marketing)이 필요합니다. 회사의 이미지나 경영자 개인의 대외적인 홍보도 영업 활동입니다. 그렇게 하는 것이 일반적입니다. 사장님은 의식적으로 그렇게 하는 것입니까? 아니면 다른 생각이 있으십니까?

***P*_**명함은 남은 게 없습니다. 남들이 일반적으로 하는 것을 따라 하

기보다는 건축의 품질로 보여 주어야 합니다. 그렇게 하면 대외적인 홍보는 필요 없습니다. 건축 품질을 높이는데 주력해야 합니다. 품질은 건축주 신뢰로 증명됩니다. 신뢰는 새로운 인연으로 이어지고 그에 대한 결실은 수주입니다. 건축의 본질, 시공의 본질을 회피하지 말고 정도(正道)를 지켜야 합니다.

K_비즈니스(사업)는 밥 먹고 술자리를 같이하는 것부터 해야 된다고 합니다. 인간적인 관계나 친분을 쌓는 것도 중요하지 않습니까?

P_그것을 모르지 않습니다. 그렇게 해서 얻을 수 있는 것이 있습니다. 하지만 남처럼 해서는 비즈니스에서 성공할 수 없습니다. 오히려 고객에게 돌아가는 이익과 품질의 성과를 높일 수 있는 방법을 설명하고, 그것을 주지시켜야 합니다. 내실 있는 관리를 통해 경비를 절감하고 좋은 건축을 할 수 있는 방안을 찾아야 합니다.

K_형식적이며 상업적인 영업 활동을 하지 않고 건축이란 본질을 강조하십니다. 오직 건축의 품질로 승부하겠다는 사장님의 강력한 의지가 느껴집니다.

P_네, 그렇습니다. 하자 없는 좋은 품질의 건축을 제공하면 신뢰와 친분이 자연스럽게 쌓입니다. 그러면 영업 활동은 자연스럽게 이루어진 것입니다. 실질적인 수주로도 이어집니다.

K_대부분의 업체는 그 회사만의 장점을 적극적으로 알리기보다는, 수주하기 위해 저가로 견적을 제출합니다. 수주하려면 건축주가 제시하는 금액에 맞추어야 하니까요.

P_그렇습니다. 좋지 못한 방법입니다. 저가 견적은 수주 후 변경이

나 추가를 통해 이익을 추구할 수 있습니다. 수주 경쟁력이 되는 자신의 장점을 알려야 합니다. 낮은 가격을 제시하기 보다는 이익을 창출할 수 있는 가격을 제시해야 하고, 왜 자신이 그 일에 적임자인가에 대한 해답을 자신 있게 말할 수 있어야 합니다. 건축 품질을 보장하고 이익을 낼 수 있는 가격, 일에 대한 자신감이 최고의 경쟁력입니다.

K_남다른 수주 전략입니다. 편법이나 꼼수를 용납하지 않으시군요. 사장님만의 수주 원칙은 무엇이며 수주 경쟁력은 무엇입니까?

P_먼저 안전한 사업, 내실 경영을 추구합니다. 공사비와 가용 자금을 검토하고 일의 양도 가늠합니다. 다음으로 건축주의 태도와 인품을 보고 판단합니다. 건축주에게서 느낌이 오지 않으면 적극적으로 나서지 않습니다. 사람은 반드시 경제적 동기로만 움직이는 것이 아닙니다. 건축주의 진정성을 느껴야 하며 믿음이 생겨야 합니다. 그렇지 않으면 그 일을 꼭 하려고 하지 않습니다. 이 집을 짓고 싶다는 마음이 들어야 합니다. 별다른 것은 없습니다만 저의 경쟁력은 친화력과 정확한 견적을 만들어내는 것입니다.

K_사업의 지리적 범위 설정과 공사 현장과의 거리도 중요합니다. 수주시 건축 활동 영역과 거리에 대한 고려는 없었습니까?

P_사업 초기에는 제주도, 전라도, 충청도 등 어디라도 가서 일했습니다. 일이 많아지면서 거리에 대한 것도 제한을 두었습니다. 2005년부터는 자동차로 1시간 내로 정했고 2008년부터는 20~30분 내로 정했습니다.

K_그러면, 자동적으로 경남 함안이나 인근 지역으로 범위가 결정되었겠네요. 수주의 범위가 제한되어 사업이 어려워졌을 것 같습니다.

P_어렵지 않았습니다. 앞에서도 이야기 했지만 저에게 일을 맡기고 싶은 사람은 기다려야 했습니다. 1년 6개월을 기다린 분도 있습니다. 사업을 정리할 단계에서는 더 가까운 곳으로 정했습니다.

K_사업 영역을 공간적으로 지나치게 제한하신 것 아닙니까? 마치 사업 규모를 크게 키우지 않으려고 작정하신 듯 하네요. 정말 문제가 없었습니까?

P_전혀 문제되지 않았습니다. 일이 없어서 걱정해 본 적이 없습니다. 나름대로 사업 전략을 세워야 합니다. 사무실 위치가 군단위 지역이라면 지역에서 활동하는 것이 좋습니다. 사급공사가 유리합니다. 잘 한다는 소문이 나면 일도 많아지고 회사는 빠르게 성장할 수 있습니다.

K_사장님은 20년간 사업을 하셨는데 건설업에서 중요한 것은 무엇입니까? 돈, 자금입니까?

P_건축에 대한 자세와 의지가 제일 중요하고 그 다음은 기술, 영업 전략입니다. 그 외 자금력도 따라 주어야 합니다. 돈이 있어야 남들 보다 경쟁력 있는 가격으로 수주가 가능합니다. 수주 경쟁에서 이길 수 있고 많은 수주 기회를 만들 수 있습니다. 일이 만들어지면 돈과 이윤은 자동적으로 따라 옵니다.

자기만의 차별화가 필요하다

K_결국 건축 철학과 의지, 기술이 중요하다는 말씀이군요. 시공자는 일정한 수준을 넘어서는 집을 지을 수 있어야 합니다. 사장님은 다른 시공자와 차별화되는 것이 무엇입니까?

P_제가 제일 중요하게 생각하는 것은 건축비(공사비)를 추가 발생시키지 않고 하자가 없도록 하는 것입니다. 토목의 예를 들면 성토 후 다짐을 충분히 하면 침하가 생기지 않습니다. 건축주가 이해하지 못하면 시공방법에 대해 자세히 설명합니다. 건축주가 직접 눈으로 보고 확인하게 합니다. 남들처럼 대충하지 않습니다. 흙에 덮이는 부분이나 보이지 않는 부분까지도 완벽하게 해야 합니다. 그러면 침하에 대한 추가 비용이 절대로 발생하지 않습니다.

K_사람들은 눈에 보이는 것은 쉽게 믿습니다. 눈에 보이는 것으로 멋대로 상상하며 진실을 왜곡하기도 합니다. 하지만 진짜 진실을 믿는 사람은 겉으로 보이는 것보다, 그 이면에 숨겨진 의미와 실천이 자신의 삶에 미칠 영향에 주목합니다.

P_집은 짓는 과정이 더 중요하며 눈에 보이지 않는 부분까지 투명하고 정확하게 해야 합니다. 조금이라도 소홀히 하면 차후에 하자가 발생됩니다. 일을 잘 하면 예상치 못한 수주로도 이어집니다.

K_눈에 보이지 않는 부분과 집 짓는 실제적 과정이 더 중요하며, 일을 잘하는 것이 수주를 견인하는 가장 중요한 요인이군요. 예상치 못한 수주의 경험이 있었습니까?

P_하도급 업체가 일을 소개시켜 주어 수주로 연결된 사례가 있었습

니다. 현장에 일하러 온 하도급자가 일의 진행과 완성도, 요구하는 품질의 수준을 보고, 친척이나 지인의 집 짓는 것을 소개해 주었습니다.

K_네, 그런 일도 있었습니까? 참 놀라운 일입니다. 일 잘하는 것은 눈에 보이고 정직하게 하면 일거리는 자연스럽게 생기는 것 같습니다. 건축주도 알고, 함께 일하는 사람도 알고, 가까운 곳에서 믿음이 시작되는군요.

P_일만 잘하면 수주는 얼마든지 가능하며 자동적으로 따라 옵니다. 하도급업체와 신뢰가 쌓여도 수주로 이어집니다. 현장에서 품질 관리하는 것을 직접 보고 마음이 움직여 수주로 연결되는 것입니다.

K_건설공사 수주 여건이 악화되어 수주 경쟁이 심합니다. 건설 시장에서 살아남기 위한 생존경쟁이 치열하죠. 부패한 사회에서는 경쟁자를 이기고 수주하기 위해 일정부분 손해를 보더라도 불법을 저지릅니다. 결국 사업자 모두 수주 확률은 낮아지고 부정적인 사회적 비용을 발생시킵니다. 이것으로 인해 협력업체에게 부당한 손실을 입힙니다.

P_그렇습니다. 좋은 태도가 좋은 건축을 낳습니다. 불법으로는 결코 좋은 결과를 기대할 수 없습니다. 일에 대한 진정성과 서비스 정신, 성실한 태도가 수주의 문제, 일감 구하기의 공포로부터 해방될 수 있는 방법입니다. 유일한 지름길이기도 합니다. 경기에 영향 받지 않고 자신의 노력과 시간 투자로 '자질(능력)'을 만들어 가는 것이 성공의 밑거름입니다. 경쟁을 피할 수는 없겠지만 불공정한 경쟁은 서로의 기회를 박탈합니다. 건전한 경쟁을 해야 합니다.

이기심의 저편

어느 마을에 한 빵장수가 있었다. 그는 가난한 농부로부터 매일 버터를 공급받아 빵을 만들었는데, 하루는 농부가 가져오는 버터의 양이 미심쩍어 무게를 재 보았더니 역시나 조금 모자랐다. 그 다음날도, 그 다음날도 마찬가지였다.

화가 머리끝까지 난 빵장수는 여태껏 납품된 버터의 무게 자료 기록을 증거로 농부를 고소했다. 그런데 재판 결과 처벌을 받은 것은 오히려 빵장수였다. 체포된 농부가 진술하기를, 자신에게는 저울이 없기에 빵장수가 만든 1파운드짜리 빵의 무게에 맞추어 버터를 잘라 납품했다는 것이었다. 결국 빵장수는 자신의 이익을 위해 빵의 크기를 줄여 양을 속인 것으로 원인 제공을 해왔다는 얘기다.

나의 이기적인 꼼수는 돌고 돌아서 자신에게 피해로 돌아오는 법이다. 그러므로 '남이야 어떻게 되건 나만 잘 살면 된다.'라는 식으로 살면 끝에 가서 공동파멸에 이르게 되어 있다.

〈희망의 귀환〉, 차동엽

K_일감이 적고 재정적으로 어려운 회사는 난국을 타개하기 위해 능력에 버거운 일을 수주하기도 합니다. 연고가 없는 지역에 공사를 수행하는 경우나 재정 능력을 넘어선 일을 수주하는 경우입니다. 모두 위험한 일이며 피해야 합니다.

P_맞습니다. 자신과 회사의 능력을 잘 알아야 하고 욕심도 버릴 줄 알아야 합니다. 공격적인 경영도 좋지만 실패할 확률이 높습니다. 자신의 실력과 상황에 맞지 않으면 욕심을 접어야 하며 원칙을 세우고 선별적으로 수주해야 합니다.

K_건축 영업 전략은 감당할 수 있는 범위 내의 리스크와 예산, 수익 목표를 고려하여 세워야 하는 것입니다. 해외공사는 해 보셨습니까?

P_특별하게 해 본 것은 없습니다. 파푸아뉴기니에서 조립식 건물을 지어 보았고, 사이판에서 패널(Panel) 시공에 참여한 적이 있습니다.

K_사장님은 별도의 영업 활동을 하지 않았는데 일이 많았던 것을 보면 신기할 따름입니다.

P_이제 제 이야기를 믿으시는 것입니까?

K_저는 믿습니다. 하지만 모두가 믿지는 않을 것입니다. 사장님은 일반적인 건설업자와 확실히 다릅니다. 건축 수주가 이어지는 것을 보면 기술력에 대한 검증을 받은 것이며, 얼마나 현장에서 노력하시고 정직한 땀을 흘리는지 짐작됩니다. 사장님은 일이 없어 쉬어 본 적이 없습니다. 사업을 그만두었지만 일 해 달라는 사람이 있습니다. 한 번 인연 맺은 건축주와 지인과는 계속 좋은 관계를 유지합니다. 이것은 건축 품질에 대한 인정을 받은 것이며 약속을 지켜냈기 때문입니다. 건축인으로서 신뢰를 얻고 품질과 서비스로 고객을 만족시킨 결과입니다. 이 같은 사항을 종합해 볼 때 사장님은 성공한 건축인 입니다. '사랑받고 신뢰받는 건축인'이라는 것이 증명되었다고 생각합니다.

P_김 박사님의 말처럼 저 자신을 생각해 본 적이 없습니다. 그저 최선을 다한 것 뿐 입니다. 그렇게 생각해 주시니 고맙습니다.

공사비 정산은 깨끗하고 투명하게

돌려주기로 건축주에게 감동주기

K_정산은 약속에 대한 대가를 받는 것입니다. 집을 다 지으면 정산을 하게 됩니다. 돈은 민감한 부분인데 공사비 정산을 위해 무엇을 준비합니까?

P_투명하게 정산하면 걱정할 일이 없고 정산이 어려운 적은 없습니다. 건축주와 시공자가 투명하고 공정하게 정산하면 됩니다. 정산에 필요한 자료는 각종 영수증, 세금계산서입니다. 건축주가 요구하는 것은 모두 제시합니다.

K_건축주도 약속을 지켜야 합니다. 좋은 집을 지으려면 공사비 지불 이행은 기본적 사항입니다. 시공자 입장에서는 공사비 지불에 관한 시기와 방법이 중요한 사항입니다. 공사비는 계약금을 비롯해 몇 차로 나누어 지불할지 확정해야 합니다. 마지막 잔금은 어떻게 정산합니까?

P_계약서에는 아주 구체적인 시기와 금액이 적혀 있어야 합니다. 저는 공사비 지불은 건축주 편의나 입장을 고려합니다. 가능하다

면 건축주에게 부담을 주지 않습니다. 그것이 좋습니다. 물론 시공자는 공사비를 받을 수 있도록 근거를 만들어야 합니다. 계약금을 받고 공사를 시작했는데 중도금을 받지 못한다면 공사 진행이 어렵습니다. 시공자는 건축주 입장도 고려하고 공사 진행도 원만히 추진될 수 있도록 건축주와 소통해야 합니다.

K_사장님은 정산할 때 건축주에게 돈을 돌려주신다고 들었습니다. 찾아보기 드문 사례입니다. 그것이 사실입니까?

P_물론입니다. 남들과 달라야 합니다. 시공 과정에서 발생된 이익은 건축주에게 돌려줍니다. 그렇게 하면 대부분의 건축주는 깜짝 놀라며 좋아합니다. 건축주에게 작은 기쁨을 드리는 것입니다. 시공자가 돈을 돌려주는 사례가 드물기 때문입니다.

K_어떤 돈을 돌려주신다는 말씀입니까? 추가를 발생시키거나 돈을 더 받아야 시공자가 이익이지 않습니까? 사장님만의 방식이 궁금합니다.

P_특별한 것을 건축주에게 돌려줍니다. 저는 돌려줄 수 있는 것을 찾습니다. 작업방법을 달리하면 돌려 줄 수 있는 것이 있습니다. 시공자는 그것을 찾아야 합니다. 시공 과정에서 발생된 이익, 즉 고철을 재활용(고재처리)하면 적은 액수이지만 돈이 생깁니다. 그것은 저의 돈이 아닙니다. 겨울철 난방비용도 돌려줍니다. 다행스럽게도 날씨가 따뜻하여 난방비용이 적게 들었다면 절감한 비용만큼 내역서를 검토하여 돌려줍니다.

K_좋은 생각입니다. 놀라운 전략인 것 같습니다. 돈을 돌려주는 사

람은 아마 사장님뿐일 것입니다. 건축주에게 있어 집을 짓는 것은 상당한 경제적 부담입니다. 심리적으로도 부담감이 큽니다. 그런데 시공자가 조금의 돈이라도 되돌려 준다면 기뻐하지 않을 수 없습니다. 건축주도 배려하는 마음을 느낄 것이며 끌리는 마음이 생길 것입니다. 그와 반대로 일반적인 시공자는 더 많은 이익을 얻는데 급급하죠. 사장님은 견적서에 제시된 이익만 시공자가 취해야 할 이익이라고 생각하십니까?

P_ 그렇습니다. 더 많은 이익을 생각하면 욕심이 됩니다. 그래서 정확한 설계도서 검토를 통해 만들어진 견적서가 중요합니다. 견적서에는 시공자의 노력과 적정 이익이 포함되어 있습니다. 약속된 부분만 생각합니다.

안국 산업 이야기

약 17년 전 진해에 있는 전자공장을 지을 때 이야기입니다. 이 현장은 접근 도로가 좋지 못했습니다. 길이 있긴 했는데 많이 돌아서 접근해야 했습니다. 그래서 제가 아이디어를 냈습니다. 접근로를 새로 만들고 그것을 나중 복구하면 좋겠다는 생각이 들었습니다. 해당 관청에 협의하여 허락을 받고 가로수 하나를 빼고, 작은 다리를 설치하여 자동차의 접근성을 좋게 만들었습니다.

창원에서 고철을 사다 다리를 만들었습니다. 그 다리는 작업 기간 동안 아주 유용했습니다. H빔과 철판으로 만들어진 다리는 나중 해체하여 다시 고철로 팔았습니다. 내역서에는 소운반비가 약 650만 원 정도 책정되어 있었습니다. 철재 다리를 만드는 데는 약 200만 원 정도 들었습니다. 나중에 계산해 보니 약

250만원이 남았습니다. 정산할 때 이것을 건축주에게 돌려주었습니다.

공사가 끝나고 정산을 하기 위해 건축주와 만났습니다. 건축주는 저에게 돈을 줄려고 준비하셨습니다. 아주 경미하게 변경된 것이 있었기 때문입니다. 하지만 저는 그 돈을 받지 않았고 오히려 소운반비를 절약한 만큼 돌려주었습니다. 건축주는 너무나 만족해했고 두 사람은 기분 좋게 저녁을 먹었습니다. 적은 돈이지만 돌려주는 것으로 인해 건축주의 마음을 얻을 수 있습니다. 건축주는 고정 고객이 되었습니다.

경쟁력 있는 견적으로 적정이익 만들기

K_사장님은 추가를 발생시키지 않고 시공 중에 생긴 적은 이익(이윤)까지도 건축주에게 돌려줍니다. 그러면 견적서에서 이익을 높게 책정하지 않습니까?

P_그렇지 않습니다. 이익을 지나치게 높게 책정하는 것으로 오해할 수 있습니다. 이익은 남들이 가져가는 수준만큼만 가져갑니다.

K_누구나 이익에 대한 욕심이 있습니다. 더 많은 이익을 남기기 위해 노력합니다. 이익은 남들과 비슷한 수준으로 남기신다고요. 그 이유는 무엇입니까?

P_건축공사는 토목공사에 비해 많이 남지 않습니다. 그렇지만 너무 많은 이익을 생각해서는 안 됩니다. 손해를 봐서도 안 되지만 욕

심을 버려야 합니다. 그래야 모든 것이 순조롭습니다.

K_견적은 입찰을 위한 기본적 사항입니다. 이익에 대한 법적 기준은 없습니다. 그러면 견적을 제출하실 때 이익은 어느 정도 고려하십니까?

P_우선 설계도면을 꼼꼼히 체크하여 제가 생각하는 만큼만 이익으로 제시합니다. 이익은 관급공사를 기준으로 하며 건축물 용도와 상황에 따라 다릅니다. 예를 들면 공장은 공사기간이 짧은데 비해 공사비는 큽니다. 이런 경우 순이익은 공사비의 5~10% 정도입니다. 5개 업체가 견적서를 낸다면 높은 가격 쪽에서 2위 내지 3위는 할 것입니다. 저가 견적을 내지 않습니다.

K_관급공사 이윤은 노무비, 경비, 일반관리비 합계의 9~15%입니다. 공장을 제외한 근린생활시설이나 주택은 어느 정도의 이익을 고려하십니까?

P_사실 이윤(순이익)은 공사 내용과 시공 방법에 따라 다릅니다. 일반적으로 근린생활시설은 공사비의 5~8% 정도를 이익으로 생각합니다. 단독주택은 공정이 많고 이윤이 많이 남지 않는 구조입니다. 주택은 공사비가 적으므로 10~12% 정도를 이익으로 생각합니다.

K_제 생각으로는 지나치게 많은 이익은 아닙니다. 수익을 우선하는 경제 활동에서 예상했던 수주를 하지 못하면 회사가 어려움에 처할 수 있습니다. 현실적으로 공사를 수주하는 것이 가장 중요한 일입니다. 그래도 건축 영업이 됩니까? 수주 경쟁에서 이길 수 있습니까?

P_이길 수 있습니다. 제 경험상으로 건축주는 최저가의 견적을 선택하지는 않습니다. 특히 민간공사에서 건축주는 저가로 낙찰되는 것을 원하지 않습니다. 공사 도중이나 이후에 문제가 생기는 것을 바라지 않기 때문입니다.

K_시장에서 제품과 서비스의 성능, 디자인, 가격이 비슷해지면 경쟁은 더욱 치열해집니다. 이때 성능이나 디자인에서 차별적인 제품과 서비스가 나온다면 고객은 관심을 보이게 됩니다.

P_그렇습니다. 가격보다는 품질이나 서비스를 우선시 합니다. 그것이 소비자의 마음입니다. 가격이 비슷하다면 품질과 서비스로 승부해야 합니다.

K_싼 만큼의 이유가 있을 것입니다. 현장 관리를 철저히 해야 적정 이익도 남길 수 있고, 이익이 남아야 수주 경쟁력이 강해집니다. 수주 경쟁에서 이길 수 있는 방법은 무엇입니까?

P_항상 이익을 낼 수 있도록 경쟁력 있는 가격으로 견적서를 만드는 것이 중요합니다.

K_입찰 견적을 적게 써낸 업체를 '변경의 귀재'라 부릅니다. 실제 수주는 저가로 하고 설계 내용을 변경하거나, 공사의 질을 낮춤으로서 이윤을 확보하는 시공자가 있습니다. 엄연한 현실입니다.

P_많은 시공업체, 시공자가 그렇게 합니다. 이윤을 적게 책정하고 자재 물량, 인건비 등을 부풀려 견적을 제출하기도 합니다. 그것은 타인을 속이는 행위이며 사기입니다. 잘못되면 회사의 이미지가 땅에 떨어질 수 있습니다. 저는 그렇게 하지 않습니다. 이익에

대한 것을 분명히 하고 건축 품질에 대해 약속합니다.

K_현 상황을 유지하기 위해서도 일을 수주하는 것이 우선입니다. 일을 수주하기 위해 공사비를 깎아 주지 않습니까?

P_일단 수주하고 보자는 식의 영업은 근시안적인 경영 형태입니다. 장기적으로 회사의 몰락을 가져올 확률이 높습니다. 저는 공사비를 깎아 주지 않습니다. 건축주에게 제안된 견적에 대한 네고(Negotiation, 협상)는 없습니다. 네고를 하게 되면 이익이나 견적의 내용을 바꾸어야 합니다. 한번 제시된 견적을 바꾸면 견적에 대한 신뢰가 깨질 수도 있습니다. 수주를 못해도 네고는 없습니다. 다행히 제가 만난 건축주는 네고 하지 않았습니다. 건축주가 납득할 수 있도록 설득해야 합니다.

K_건축주의 예산은 한정되어 있고 그것에 맞추어 달라고 부탁합니다. 시공자는 딜레마에 빠질 것입니다. 그럴 때는 어떻게 하십니까?

P_네고는 불가합니다. 하지만 저도 사람인지라 건축주의 입장을 생각하지 않을 수 없습니다. 예를 들면 자재에는 A급, B급이 있습니다. 저는 A급 자재를 쓰는 것이 원칙입니다. 부득이하게 예산을 맞추어야 한다면 검토하여 B급 자재를 선택합니다. 성능에 문제가 없는 수준에서 말이죠. 그 사실을 분명히 하고 적절하게 건축주의 예산을 고려합니다.

K_견적은 시공자가 하나의 프로젝트를 성실히 수행하여, 이윤을 창출할 수 있는 능력에 비용을 산정하는 작업입니다. 현명한 건축주의 선택이 필요하지요. 결국 품질과 비용은 비례한다고 볼 수 있습니다.

P_시공자는 정확한 견적을 만들고 정직하게 해야 합니다. 얄팍하게 해서는 되지 않습니다. 추가되는 이익을 바라지 말고 정당하고 정직한 이익을 요구해야 합니다.

K_"정직이라는 이름의 연못은 깊다. 거기서 무엇이 나올지 모른다."는 말처럼 정직하게 일하는 것이 미래를 약속할 수 있다는 말씀이죠?

P_그렇습니다. 정직하게 하면 성공할 수 있습니다.

K_정산 후에 특별하게 건축주와 정리해야 할 사항이 있습니까?

P_있습니다. 시공과정이 담긴 사진과 관련 자료는 모두 건축주에게 주어야 합니다. 물론 저도 보관합니다만 건축주도 알아야 할 사항이고 필요한 자료입니다. 건축물의 사용설명서를 만들고, 유지관리나 점검 사항, 관리 방법 등에 대해 자세히 알려 줍니다.

사진은 기록이자 자료

건물이 완성되어 제대로 된 형태가 나오면 실내와 외부의 건축 사진을 찍어 둬야 합니다. 두 가지 이유가 있는데, 하나는 건축주와 건축가가 원한다면 잡지에 실릴 수 있기 때문입니다. 또 하나는 시간이 지나면 리모델링으로 건물 외양이나 실내 디자인이 변하고 그렇게 되면 건축가 자신의 작품으로서의 의미가 감소되므로 그 전에 기록으로 남겨 둬야 하기 때문이지요.

건축은 이제 시장에 나온 부동산이 되었고 예상치 못한 방향으로 리모델링될 수도 있으니, 사진만이 유일한 기록으로 남게 되는 것입니다.

〈건축가처럼 생각하기〉, 할 박스(hal box)

K_사진은 좋은 자료가 될 것 같군요. 특히 증축이나 리모델링 시 중요한 자료가 될 수 있습니다. 마지막까지 최선을 다해 완벽한 서비스를 제공하시는군요.

P_기본적 사항이며 당연한 것입니다. 모든 것은 건축주로부터 시작되었기에 돌려주어야 합니다. 사진은 중요한 자료이며 최대한 많이 찍어 두는 것이 좋습니다.

세 번째, 건축 품질에 대한 약속

건축은 '진실'을 실천 한다 : 적절한 건물은 보편적인 지식에 책임을 지며 기능과 재료를 정직하게 표현한다.

-매튜 프레데릭(Matthew Frederick)-

시공을위해준비할사항은무엇인가
안 전 한 자 금 계 획 은 세 워 라
좋은자재는좋은건축의필요조건이다
설 계 변 경 을 최 소 화 하 라
합리적인공정관리는품질로나타난다
품질관리는고객만족의핵심이다
하 도 급 관 리 는 신 뢰 가 답 이 다
하자관리로고정고객을만들어라
깨끗한자금결제로신뢰를쌓아라

세 번째, 건축 품질에 대한 약속

좋은 사회는 좋은 건축을 필요로 한다. 좋은 건축은 좋은 사회의 터전 위에서 제대로 구현될 수 있다. 좋은 집을 만드는 건축인의 능력은 좋은 세상을 가꾸는 데 빠질 수 없는 소중한 가치이다. 좋은 건축은 모든 건축인이 꿈꾸는 것이지만, 좋은 건축과 좋은 사회를 만들기 위한 건축인의 변화와 실천이 앞서야 한다.

시공을 위해 준비할 사항은 무엇인가

대지에 대한 사항 파악하기

K_건축주와 계약하는 것은 건축 품질에 대한 약속입니다. 계약을 마치면 공사를 시작해야 합니다. 설계를 실제의 건축물로 구체화하는 행위가 바로 시공인데요. 이를 위해 무엇을 준비해야 합니까?

P_시공자는 시작할 공사의 특징이나 작업의 구성을 세밀히 분석하며, 정확하고 면밀한 계획을 세워 합리적으로 접근해야 합니다. 우선 건축인허가 조건과 착공신고서를 검토해야 하고, 그 다음으로 경계측량과 땅, 지적에 관한 사항을 점검해야 합니다. 건축주는 대지에 대한 기술적인 정보와 자료를 제공해야 할 책임이 있습니다. 대지 경계가 나오는 지적도, 상하수도, 전기 설비와 수목의 위치가 표시된 지형도, 지표 밑의 토양과 기초에 관한 조사 자료를 제공해야 합니다. 차량 접근을 위한 진입도로를 확인하는 것도 시공 전에 해야 할 일입니다. 현지 여건을 충분히 조사하여 시공 시 발생될 수 있는 문제점을 찾아야 합니다.

K_건축 품질은 시공의 결과로 나타납니다. 대지 조건과 도로에 대한 정보는 기본적 사항입니다. 본격적인 시공 전에 선행적으로 해야 할 것은 무엇입니까?

P_오폐수 처리 문제입니다. 작업 여건과 상황에 따라 다르지만 지반이 좋은 경우는 기초 콘크리트 타설 전에 오폐수 배관을 미리 묻어야 합니다. 정화조도 적정한 위치에 미리 묻습니다. 주요 자재 수급 사항도 검토해야 합니다.

K_건물이 차지할 부분을 제외한 공간의 활용도 시공 과정에서 중요할 것 같습니다. 대지사용에 대한 계획이 필요합니다. 그리고 작업 및 차량 동선 계획도 중요하지 않습니까?

P_여유 공간을 활용하는 개념으로 접근해야 합니다. 중요한 사항입니다. 작업차량 통행, 작업자 동선 및 주차 공간 계획도 수립해야 합니다. 철근이나 거푸집과 같은 자재 위치도 나중 쓰임을 고려하여 적정 위치를 선정해야 작업에 지장이 없습니다.

다각적인 검토로 공사기간 설정하기

K_공사기간은 건축주가 정하기도 합니다. 공정계획을 수립하고 작업할 업체나 인력도 파악해야 할 것 같습니다.

P_공사기간은 건축주와 협의하여 결정하는 것이 좋습니다. 건축주의 요구 사항과 기상 데이터를 면밀히 검토하며, 공사기간을 설정하고 제가 제안한대로 진행할 것을 건축주에게 요청합니다. 문제가 있어 기간 내 완료하지 못하면 곤란하기 때문입니다. 시공

자가 계획한 대로 추진하고 그것을 바탕으로 공정계획을 수립하고 공정표를 짭니다. 물론 협력업체와도 의논하고 같이 검토해야 합니다.

K_공사기간 설정은 사용자(건축주) 의사가 존중되어야 할 것으로 생각되는데요. 사장님께서는 공사기간 만큼은 시공자 의견을 관철시키는 것 같습니다. 시공자는 건축주가 원하는 공사기간에 맞추어야 하지 않습니까?

P_건축주 의견을 존중합니다. 공사기간 설정은 설계 검토부터 충분히 같이 의논해 온 것처럼 사전에 어느 정도 협의된 사항입니다. 시공자가 실현가능한 공사기간을 설정하여 건축주와 조정하는 것입니다. 일방적으로 결정하지 않습니다.

K_하도급 관련 사항도 검토해야 합니다. 직접 일할 사람도 필요합니다. 어떻게 하십니까?

P_같이 할 하도급 업체는 미리 연락하고 우선적으로 투입할 하도급 업체와 계약합니다. 그리고 공정과 공사 내용에 대해 상호 면밀히 검토합니다.

K_현장에서 사용할 물이나 전기 부분, 외부 울타리, 중요 자재도 챙겨야 할 것 같습니다.

P_현장 주변의 여건을 파악해서 상수도와 전기 인입 계획을 세웁니다. 기본적 사항도 빈틈없이 챙겨야 합니다. 자재와 관련된 것도 챙겨야 하고 작업 인력과 장비에 대한 계획도 세웁니다. 외부 울타리는 현장 여건에 따라서 준비해야 할 사항입니다.

K_완성도 높은 건축물 얻기 위해서는 합리적인 시공계획이 중요하지요. 뿐만 아니라 품질과 공사기간, 안전, 비용 등 제 요소에 목표를 달성하려면 만전을 기해야 하겠지요?

P_그렇습니다. 자기만의 생각과 방법이 확립되어야 하고 뛰어난 관리 능력이 필요합니다.

안전한 자금 계획 세우기

자기 자본의 운용으로 안정된 사업하기

K_경영자가 자금 조달에 매이다 보면 관리, 감독할 시간을 뺏기게 됩니다. 일을 시작하려면 자금 조달과 계획이 필요합니다. 자금(공사비) 계획은 어떻게 세우십니까? 특별한 계획이 있습니까?

P_자금 계획을 잘 세워야 합니다. 안전하게 세우는 것이 원칙입니다. 자금의 여력이 있어야 일을 시작할 수 있습니다. 여유자금을 확인하고 총 자본금이 공사비보다 많아야만 일을 시작합니다.

K_건설업을 시작하는 이들은 주로 자금을 빌려서 추진합니다. 자기 자본이 적습니다. 계약을 통해 선수금을 받고 그것을 이용해 공사를 착수합니다. 사장님의 경우는 어떻습니까?

P_저는 준비된 자금으로 그 일을 하느냐 마느냐를 결정합니다. 준비된 자금이 사업 수주의 기준입니다. 공사비가 총 자본금의 1/2~1/3미만인 경우에만 수주합니다. 이것이 저만의 약속입니다. 다시 말하면 공사비의 2~3배가 준비되지 않으면 수주하지 않습니다. 수주할 생각도 하지 않습니다. 제가 돈이 많다고 하는 이야

기가 아닙니다. 사업을 안전하게 하기 위한 것입니다. 이것이 남과 다르다고 할 수 있습니다. 돈을 버는 것보다 안전하게 사업하는 것이 더 중요합니다.

K_무리하게, 위험하게 사업하지 않으시군요. 사장님처럼 안전하게 사업하는 사람은 없을 것을 것입니다. 사장님의 경우를 보면 자금이 충분히 준비되어 있어야 일을 시작할 수 있을 것 같군요. 자금이 있으면 좋겠지만 그렇지 못한 경우가 많습니다.

P_이해합니다. 돈이 있어야 사업 할 수 있다고 생각할 수 있지만 적은 자본으로도 가능합니다. 자본이 적으면 작은 공사부터 하면 됩니다. 자본이 적은데 큰 공사를 한다면 좋을지 모르지만 불안 요소가 내재되어 있습니다. 잘못되면 한 번에 실패할 수 있습니다. 경계해야 합니다. 자금이 부족하다면 그에 맞게 수주해야 합니다. 경험을 쌓고 돈을 저축해 키우면 됩니다. 욕심 부리지 말아야 합니다.

K_사장님의 말씀이 맞지만 누구나 욕심이 앞섭니다. 수주 경쟁이 치열한데 수주하는 것이 먼저 아닙니까? 자금(공사비)은 빌려서 충당하면 되지 않습니까?

P_저는 그렇게 하지 않았습니다. 은행에서 대출 받거나 누구에게 빌려서 사업하지 않았습니다. 마음이 움직이고 스스로 감당할 수 있는 범위 안에서만 했습니다. 일을 할 수 있는 자금이 준비되지 않으면 일하지 않았습니다.

K_놀랍습니다. 수주가 최우선인 건축 세계에서 믿을 수 없는 일입

니다. 수주가 계속되어야 회사가 유지됩니다. 자금은 융통하면 되지 않을까요? 수주만큼 중요한 것은 없지 않습니까?

P_일 하는 것이 중요합니다. 그에 못지않게 돈을 주고받는 결제도 깨끗해야 합니다. 저는 든든한 백이나 막대한 자금은 없습니다. 그래서 혹시 발생할 수 있는 위험, 즉 공사비를 받지 못할 수도 있는 만약의 사태를 대비한 것입니다. 사업이 어려워질 수 있습니다. 일에 대한 욕심 때문에 사업을 망칠 수 없습니다. 안전한 사업이 최우선입니다. 무리한 수주는 위험합니다.

K_수주가 되어야 회사가 유지될 수 있습니다. 사업을 안전하게 하는 것도 중요하지만 공격적 수주나 경영도 필요하다고 생각합니다.

P_공격적 경영이 아니라 무리한 수주 욕심입니다. 욕심을 부리면 위험에 처할 수 있습니다. 시공 자체는 공격적으로 철저하게 해야 하지만 수주는 신중해야 합니다.

K_사업 자금은 시작 초기부터 있었다고 하셨죠?

P_자금은 조금 있었습니다. 미리 준비한 것이며 사업을 구상하면서 자금을 저축한 것입니다. 하고 싶은 것을 하기 위해 자금을 모은 것입니다.

K_앞에서도 이야기한 것처럼 준비된 자금이 하나의 성공 요인이라 생각합니다. 자금이 있다는 것은 다양한 선택과 가능성을 고려할 수 있기 때문입니다. 돈이 원동력이고 자금은 많은 것을 가능하게 합니다. 안정화된 사업이 가능하고 자재구매를 저렴하게 할 수 있고, 공사비 결제를 제때 할 수 있는 등 많은 장점이 있습니

다. 자금이야말로 가장 강력한 추진력 아닙니까?

P_부정하지만은 않겠습니다. 하지만 돈이 있다고 다 되는 것은 아닙니다. 실패한 사례가 많지 않습니까? 사업하기 위해서는 철저한 준비와 관리 계획이 필요합니다.

K_그렇긴 하죠. 무리한 사업 추진 때문에 회사가 위기에 빠질 수 있습니다. 대기업 뿐 아니라 많은 중소기업도 예외가 아닙니다. 2013년 들어 쌍용건설, 한일건설 등 중대형 건설회사가 잇따라 워크아웃(Workout, 기업재무개선), 법정관리(기업회생)를 신청했습니다. 업계 순위 100위 이내 회사 중 30곳이 부실기업 명단에 이름을 올렸습니다. 매스컴을 보면 부도, 워크아웃, 법정관리와 같은 용어가 하루가 멀다 하고 등장하고 있습니다. 사라지는 중견 건설회사가 많습니다.

P_건설업은 한 번의 실수로 회사가 위기에 직면할 수 있습니다. 경영자의 단 한 번의 판단 착오나 실수로 회사가 문을 닫을 수 있습니다. 무리한 사업 추진과 수주, 방만한 경영은 실패를 부릅니다.

채권은행 주도로 워크아웃 중 몰락해 긴장

저축은행 퇴출 맞물려 유동성 위축 위기감

시공능력평가 30위의 중견 건설사인 풍림산업이 지난 2일 기업회생절차(법정관리)를 신청하면서 건설업계에 적지 않은 후폭풍을 예고하고 있다. 지난 2009년 워크아웃에 들어간 뒤 재무구조 흐름이 점차 개선되고 있는 것으로 알려진 풍림산업의 몰락은 현재 워크아웃 중인 다른 건설사들한테는 충격적인 사건으로 받아들여진다.

건설업계에서는 특히 풍림산업의 이번 법정관리 신청이 채권은행발 구조조정의 성격을 띠고 있다는 데 주목하고 있다. 우리은행을 주축으로 한 채권단은 신규자금 지원을 결의했지만 프로젝트파이낸싱(PF) 사업장의 주채권 은행인 국민은행과 농협은행 등이 대금결제를 거부하면서 최종 부도 사태를 불러왔기 때문이다. 은행들 간의 이해관계가 엇갈리면서 워크아웃 기업을 벼랑 끝으로 밀어내는 지경까지 이르렀다는 것이다. 중견 건설사의 한 임원은 "현재 건설사 워크아웃은 기업을 살리기 위한 작업이 아니라 채권 회수를 위한 시간벌기 수단으로 변질됐다"고 지적했다.

최근 기업회생절차(법정관리) 신청 건설사

자료: 각 업체

건설사명	시공능력	시기
한솔건설	100위	2010년 12월
월드건설	71위	2011년 2월
LIG건설	47위	2011년 3월
삼부토건	34위	2011년 3월
풍림산업	30위	2012년 5월

시공능력 100위권 건설사 구조조정 현황

자료: 대한건설협회

시공능력 평가순위	건설사	현황
13	금호산업	2010년 4월 워크아웃 개시
17	경남기업	2009년 5월 워크아웃 개시 2011년 5월 졸업
26	벽산건설	2010년 9월 워크아웃 개시
30	풍림산업	2009년 4월 워크아웃 개시
32	삼부토건	2011년 4월 법정관리 신청 6월 법정관리 철회 승인
34	신동아건설	2010년 10월 워크아웃 개시
36	동양건설산업	2011년 7월 법정관리 개시
39	남광토건	2010년 10월 워크아웃 개시
40	임광토건	2011년 11월 법정관리 개시

시장에서는 몇몇 건설사들이 풍림산업의 다음 차례가 되는 것 아니냐는 등의 소문도 돌고 있다. 대한주택건설협회 관계자는 "침체한 주택시장을 살리고 금융권의 돈줄 죄기 관행 등을

바꿔야만 금융위기 이후 신용경색 속에서도 버티고 있는 건실한 중소 건설사들을 살릴 수 있다"고 말했다. 지난 2009년 이후 시공능력평가 100위권 건설사 가운데 워크아웃이나 기업회생 절차를 신청한 건설사는 30개사에 이른다.

〈한겨레신문〉, 2011.12.1, 2012.5.3.

K_방만한 경영으로 기업을 부도내는 것은 자본주의 경제 질서를 무너뜨리는 범죄 행위입니다. 사업 부도는 많은 사람을 힘들게 하고 연쇄부도로 이어집니다. 건설업 하는 사람은 명심해야 할 사항인 것 같습니다.

P_한 순간의 실수로 많은 사람에게 고통을 줄 수 있습니다. 겉만 번지르르한 기업은 쓰러질 수밖에 없고, 기업이 무너지면 직원과 가족, 협력업체, 거래기업까지 불행하게 만듭니다. 회사를 키우지 않은 것과 자금 계획, 신중한 수주도 혹시 생길지 모르는 위험을 차단하기 위한 것입니다. 사업의 안전성이 중요합니다.

해 보지 못한 자체 사업

K_조금 다른 성격의 질문입니다. 보통 자금의 여유가 생기면 주로 부동산에 투자합니다. 매입한 토지를 이용해서 아파트 개발이나 상가 분양, 주택 판매와 같은 자체 개발을 시도합니다. 자체 사업을 해 보셨습니까?

P_해 보지 않았습니다. 아쉽지만 후회하지 않습니다. 사실 안전한 사

업을 추구하다 보니 실패에 대한 두려움 때문에 자체 사업을 시도하지 못했습니다. 역설적으로 들어오는 일을 해내는 것도 힘겨웠습니다. 일이 없어 쉬어 본 적 없었고 자체 사업에 신경 쓸 여력이 없었습니다.

K_할 일이 많아 자체 사업을 할 이유나 여유가 없었다는 것은 일감이 끊이지 않았다는 것이지요? 일이 없어 문을 닫아야 할 업체도 많습니다. 수주가 되지 않아 어려운 상황에 처한 사람에겐 사장님의 이야기가 믿기지 않을 것입니다. 자체 사업 실패로 회사가 곤경에 처하기도 합니다. 하지만 일이 없으면 자체 사업이라도 할 수 밖에 없지 않나요?

P_감사하게도 일은 언제나 제가 할 만큼 있었습니다. 사업은 위험하게 하지 말아야 합니다.

K_건축 리스크는 건축 조직의 비효율을 초래하여 건축의 효용을 저하시키는 장애요소입니다. 건축 비용을 높이고 건축의 질을 저하시켜 건축의 가치를 떨어뜨립니다. 사장님은 무엇보다 사업의 안정화를 우선시 하셨던 것 같습니다.

P_그렇습니다. 안정된 사업을 하는 것이 중요합니다. 사업을 확장하면 돈은 조금 더 벌 수 있겠지만 회사가 어려워질 수 있습니다. 경영(經營)이라는 글자는 꾸준한 발전을 의미합니다. 즉 쉼 없는 거북이형 발전으로 오래가는 것이 좋습니다.

K_사업을 다시 시작해서 상가나 아파트 개발과 같은 자체 사업을 해 보고 싶은 생각은 없습니까?

P_전혀 없습니다. 지금이 좋은데 사업을 다시 할 이유가 없습니다. 저와의 약속 기한은 끝났지만 건축에 대해 끊임없이 공부하고 연구하는 삶이 좋습니다.

좋은 자재는 좋은 건축의 필요조건이다

현명한 자재 구매로 원가 절감하기

K_건축은 각종 재료의 집적에 의해 이루어집니다. 재료 하나하나가 지니는 특성에 대한 이해가 수반되어야 합니다. 그래야 좋은 건축을 할 수 있습니다. 건축에서 중요하지 않는 것이 없지만 자재도 중요한 요소이죠?

P_물론입니다. 자재만큼 중요한 것도 없으며 자재만은 자기 집이라 생각하고 접근해야 합니다. 조금이라도 더 좋은 자재를 써야 합니다.

K_자재는 공사비에서 차지하는 비율이 높습니다. 자재 구입에 있어 가장 중요한 것은 무엇입니까?

P_시공자는 자재에 대한 정확한 물량을 산출할 수 있어야 합니다. 하도급 업체에 맡겨두어서는 안 됩니다. 그리고 자재의 최근 동향에 민감해야 하고 자재 특성에 대해 상세히 알아야 합니다. 자재는 현장 사용 전에 미리 실험 적용해 보는 것이 좋습니다. 정확한 양을 산출하여 필요한 만큼 적기에 자재를 구입하는 것도 중

요합니다. 물론 좋은 재료를 저렴하게 구입하는 것도 시공자가 신경 써야 할 일입니다.

K_자재가 적기에 정확하게 현장에 반입되느냐가 공정 관리에서 무엇보다 중요합니다. 자재 구입에 대한 원칙이 있습니까?

P_자재가 적기에 반입되지 않으면 공사기간에 영향을 미칩니다. 자재는 현명하게 구입해야 합니다. 자재구입에는 두 가지 원칙이 있습니다. 첫째, 중요 자재는 소규모 가게나 철물점에서 구입하지 않고 본사와 직접 거래하여 구매합니다. 둘째, 현금으로 구입합니다. 현금을 지불하여 자재를 구입하면 비용을 5~10% 정도 절약할 수 있습니다.

K_자금력은 자재 구입을 통해서도 비용을 절감할 수 있는 요소입니다. 결국 자금의 힘이 자재 구입과 사업 전반에 영향을 미칩니다.

P_시공자는 비용을 절약할 수 있는 방법을 찾아 실천해야 합니다. 시공자의 능력에 달려 있습니다. 자금의 힘도 능력이라 볼 수 있습니다.

K_자재 반입 후 발견된 문제나 하자에 대한 책임회피를 방지하기 위해 자재검수가 필수적입니다. 불량 자재의 사용으로 재시공이 발생됩니다. 공사기간도 늘어납니다. 자재 검수에서 중요한 것은 무엇입니까?

P_자재 검수는 현장관리자가 해야 할 중요한 사항입니다. 현장에서는 남에게 의지하거나 전적으로 믿어서는 안 됩니다. 확인하고 또 확인해야 합니다. 구입하는 사람이 모르면 속임수에 당할 수

있습니다. 특히 자재의 품질과 규격, 성능, 수량에 대해 정확히 파악하여 주문하고 검수해야 합니다. 속이는 경우가 많습니다. 자재 검수는 신중해야 합니다.

K_자금이 있어 유리한 점이 많습니다. 자재는 가까운 대리점이나 판매점에서 구입할 수도 있습니다. 자재 구입을 본사와 직접 거래하면 어떤 점이 좋습니까?

P_물론 대리점을 통해 구입하는 자재도 있습니다. 자재에 따라 조금씩 다릅니다. 가격 차이가 나지 않는 것은 가까운 곳에서 삽니다. 하지만 중요 자재는 생산 공장을 방문하여 직접 확인하여 본사를 통해 구입합니다. 중간 마진을 뺀 금액으로 저렴하게 구입할 수 있고 원하는 자재를 제대로 구입할 수 있습니다.

K_구매 방법의 합리화라 할 수 있군요. 현금을 지불하여 자재를 구입하면 싸게 구입할 수 있어 비용이 절약됩니다. 자금이 있어야 가능한 것입니다. 자금이 없을 때는 불가능합니다. 누구나 아는 사항이지만 대부분은 자금이 충분하지 않습니다. 후불 결제가 일반적입니다.

P_그래서 건설업은 남들처럼 하면 되지 않습니다. 자금이 부족하면 일을 시작하지 않는 것이 좋습니다. 불확실성이 내재되어 있어 어떤 어려움이 생길지 모르기 때문입니다.

K_자금 계획이 원활하지 못하면 일하기 힘듭니다. 하지만 자금이 부족해도 일은 진행시키고 후불로 변재하면 되지 않습니까?

P_그렇게 할 수도 있습니다. 하지만 저는 후불로 결제하지 않으며

구입 당시 자재를 확인하고 대금은 바로 지불합니다. 빠른 결제로 거래업체와도 신뢰를 쌓습니다. 공사가 원만히 진행되면 다행이지만 예기치 못한 일이 발생하여 자금이 부족한 상황에 처할 수 있습니다. 그러면 또 빌려야 하는 악순환이 반복됩니다. 하도급 업체와 공사 관계자에게도 피해를 줄 수 있습니다.

K_그래서 자금력 있는 시공자와 일 해야 한다는 말씀입니까? 사실 미래의 일은 누구도 예측하지 못합니다. 긍정적으로 생각하고 과감하게 진행해도 되지 않습니까?

P_마찬가지입니다. 누구나 비슷한 여건입니다. 그렇지만 대비하고 예측하여 위험 요소를 줄이는 것이 중요합니다. 방심하면 안 됩니다. 정도(正導) 경영을 해야 합니다.

자재 관리와 손실 방지는 관리자의 기본

K_자재 관리는 누구나 쉽게 생각하는 부분이지만 생각보다 쉽지 않은 것 같습니다. 반입자재는 품질과 공사의 적합성이 보장되도록 해야 합니다. 어떤 점에 신경 써야 할까요?

P_자재 관리는 현장 관리의 중요한 사항이며 품질에도 영향을 미칩니다. 현장 반입 재료의 수량 및 품질 관리에 주의해야 하며 관리 책임도 강화해야 합니다. 자재는 필요한 적정 양 만큼만 현장에 두는 것이 좋습니다. 변질, 손상, 오염, 뒤틀림, 변색 등 품질에 영향을 주는 일체의 변화가 생기지 않도록 보관해야 합니다. 자재의 손실을 줄이는 것이 무엇보다 중요합니다.

K_자재 사용에 대한 치밀한 계획이 필요하다는 이야기입니까? 실행 물량을 정확히 산출해야 자재 손실을 줄여 공사비를 절감할 수 있습니다. 어떻게 하는 것이 좋습니까?

P_자재 사용 시 손실을 최소화하는 것이 중요합니다. 자재 사용 계획을 세워 버려지는 양을 줄여야 합니다. 손실률만 줄여도 2~5%의 자재비를 절약할 수 있습니다. 레미콘, 철근, 패널 등 자재의 쓰임새를 고려하여 치밀하게 준비하여 작업해야 합니다.

K_현장에서 어떻게 관리하느냐에 따라 비용을 절약할 수 있는 요소가 많은 것 같습니다. 치밀한 작업계획과 준비가 필요하다는 말씀이시죠?

P_그렇습니다. 공장 건물의 외부 마감재로 패널을 많이 사용하는데, 패널은 제가 현장 설치도를 직접 그립니다. 그에 따라 주문하고 설치하면 조금의 손실도 발생되지 않습니다. 버려지는 것을 최소화하고 버려지지 않도록 해야 합니다. 저는 아주 적은 양이라도 버려지는 것을 용납하지 않습니다. 버려지는 것은 비용을 낭비하는 것입니다. 소홀히 생각하기 쉽지만 그래서는 안 됩니다. 현장관리자는 작은 부분까지 빈틈없이 신경 써야 합니다.

K_현장 관리가 잘 되어야 합니다. 자재 사용 계획을 통해 손실과 비용을 조금이라도 줄이는 것이 중요하다는 것입니까? 좀 더 구체적으로 말씀해 주십시오.

P_네, 철저한 현장 관리가 중요합니다. 레미콘을 타설하다 보면 범퍼에 남는 레미콘이 있습니다. 그것을 버리지 않고 가로등의 기초나 맨홀 뚜껑을 만드는데 사용합니다. 현장에서의 쓰임을 찾

아야 합니다. 타설 전 미리 준비하고 계획을 세워 둡니다. 철근도 남는 길이에 따라서 쓰임새를 고려하면 고철의 양을 줄일 수 있습니다. 자재에 대한 치밀한 계획과 관리를 통해 손실을 줄이고 비용을 절약해야 합니다. 이러한 노력을 통해 이익을 창출해야 합니다. 이것은 정당한 이익입니다. 관리를 통해 절약할 수 있는 비용이 많습니다. 자재를 소홀히 생각하면 안 됩니다.

자재 공부로 건축 품질 높이기

K_시공자는 자재에 대한 지식과 정보가 많아야 합니다. 사장님은 자재에 대한 공부도 많이 하신다고 들었습니다. 하우징 페어에 자주 다니십니까?

P_자재는 건축 품질을 좌우하는 핵심 요소입니다. 항상 자재에 대한 관심을 가집니다. 미국, 독일, 두바이 등 자재 관련 국제 전시회도 가고 국내하우징 페어도 갑니다. 시공자는 자재 공부를 많이 해야 합니다. 새롭고 좋은 자재가 많고 기술 발전에 따라 빠르게 변화하기 때문입니다.

K_자재에 대한 정보도 중요합니다. 요즘은 일반인도 인터넷을 통해 쉽게 자재 정보를 얻을 수 있습니다. 자재는 겉으로 보기엔 비슷하다 해도 민감한 차이가 있죠.

P_석재의 경우 석종, 원산지, 색상, 가공 형태 등에 따라 가격 차이가 크므로 꼼꼼히 비교해야 합니다. 좋은 재료를 선택해서 품질을 높이는 것이 중요하며, 시간적으로도 미리 주문하고 준비하는

것이 좋습니다. 비슷한 가격이면 좋은 제품을 써야 합니다.

K_자재는 관급 자재 또는 지급 자재를 받아 시공하는 경우라도 국제 원자재 값이 폭등하여 원가 압박을 받을 수 있습니다. 우리 사회의 공급업체 동향도 파악해야 합니다. 그 외 중요한 것이 있습니까?

P_외부 환경의 변화에 민감해야 합니다. 물가가 오를 때에는 자재 관리와 사용에 신중을 기하고, 미리 예측하여 부자재를 확보하여 어려움에 대비해야 합니다. 자재에 대한 정보 수집이 필수적입니다.

K_현명한 자재 구입을 통해 비용을 절약하는 것도 사업에 도움이 될 것 같습니다. 비용 절약 방법을 고민해야 할 것입니다.

P_자재 관리를 통해서도 비용을 절약할 수 있습니다. 지속적으로 필요한 자재는 저렴한 가격일 때 미리 구입하여 보관해 둡니다. 자재비가 오르거나 자재가 부족할 때에도 걱정하지 않습니다. 저렴하게 구입하고 관리해야 비용도 절약할 수 있고 요구되는 품질도 보장할 수 있습니다.

K_좋은 아이디어입니다. 하지만 자재를 미리 구입해서 보관하는 것도 자금이 있어야 가능하죠. 자금 여유가 없으면 어려운 일입니다.

P_자재 확보를 통해 일하는데 지장이 없어야 합니다. 미리 계획을 세우고 현명하게 일해야 합니다. 자재에 대해 남들보다 더 많이 고민하고 연구해야 합니다.

설계변경을 최소화하라

설계변경과 추가 발생 최소화하기

K_설계변경은 비용을 발생시키고 시공기간을 연장시키기도 합니다. 즉 비용과 시간적인 측면에 영향을 미칩니다. 그렇지만 시공과정에서 설계변경은 피할 수 없으며, 이로 인해 공사비 증가와 공사기간 연장의 문제가 발생됩니다. 어떻게 생각하십니까?

P_앞에서도 여러 번 말했습니다만 설계변경은 없는 것이 최상입니다. 그리고 설계변경 내용을 사전에 검토하여 최대한 줄이거나 없도록 해야 합니다. 설계도서 검토는 시공자의 의무라 할 수 있습니다. 설계도면을 읽고 해석하는 것이 정말 중요합니다.

K_설계변경이 불가피한 경우도 있습니다. 설계변경은 크게 세 가지 이유입니다. 첫째, 설계 오류나 불일치, 둘째, 현장 여건과 맞지 않는 경우, 셋째, 건축주의 요구사항 변경입니다. 추가 요구사항이 불가피하게 발생되는 경우와 잘못된 부분은 변경하지 않을 수 없지요.

P_변경에 대한 합당한 이유가 있다면 긍정적인 자세로 빠르게 추진

하는 것이 합리적입니다. 견적 접수와 공사 준비로 사업 이익을 도모하는 자세로 접근해야 합니다. 시공자는 타 공정과의 간섭을 고려하고, 그에 대한 문제점도 파악해서 차질 없는 공정 계획을 세워야 합니다. 설계 변경의 범위와 내용, 추가 비용을 정확히 해야 합니다.

K_시공자는 주로 설계변경을 통해 공사비를 늘려 추가 이익을 발생시키려 합니다. 추가가 발생되어야 시공자는 이익을 더 취할 수 있기 때문입니다. 건축주는 자신이 요구한 사항이 아니면 반기지 않습니다. 신뢰가 깨질 수 있습니다. 추가 부분은 건축주에게 부담이 되고 갈등의 씨앗이 될 수밖에 없습니다.

P_가능하다면 추가는 없도록 해야 합니다. 시공자는 자기의 땀과 노력으로 비용을 절약해야 하고, 추가나 변경을 통해 이익을 발생시키지 말아야 합니다. 절대적인 금기 사항입니다. 합리적인 방법으로 비용을 절약할 수 있도록 노력해야 합니다. 추가가 발생되면 공사비가 증가되기 때문에 건축주는 오해할 수 있습니다.

K_설계변경은 집을 보다 좋게 만들기 위해 조정할 수 있는 기회이기도 합니다. 이런 결정을 내릴 때 건축주도 참여해야 하고 설계자에게 설계 변경을 요구할 수 있습니다.

P_공사 중에 설계를 보완하거나 더 나은 성능개선을 위해 설계변경이 필요할 수 있습니다. 설계변경이 이롭다고 생각되면, 시공자는 건축주와 설계자에게 설계 변경의 필요성과 비용을 확실하게 알려야 합니다. 건축주도 시공자에게 변경에 따른 공사비 청구를 요청해서 서로 확인해서 진행하는 것이 합리적입니다. 변경 공사

비는 수치화된 정확한 금액으로 작성해서 확인할 필요가 있습니다. 하도급자에게도 변경 내용을 알려주고 무엇을 준비해야 할 것인지 논의해야 합니다.

K_건축주는 합의된 설계 변경이나 추가 업무로 발생된 원가는 전액 부담해야 합니다. 그 부담을 시공자에게 떠넘겨서는 안 됩니다. 그리고 설계변경이 있을 때에는 시공하기 전에, 설계자가 문제를 해결할 수 있도록 미리 알려 주는 것이 좋습니다. 더 많은 비용을 절감할 수도 있기 때문입니다.

P_그렇습니다. 시공자는 설계자에게 최선을 다해 기술적 조언과 협조를 구해야 하며, 상생할 수 있는 환경을 만들어 일을 성공적으로 마칠 수 있도록 노력해야 합니다.

K_건축주는 건축에 대해 잘 모릅니다. 하지만 건축에 대한 걱정보다는 경제적인 걱정이 더 앞섭니다. 대부분 한정된 예산으로 시작하기 때문입니다. 보통 공사예산은 준비할 수 있는 자금의 80~90% 수준이죠. 시공자는 건축주가 제시한 예산의 한도에 맞추어 견적을 제시하기 때문입니다. 따라서 가용 자금의 10~20% 정도를 예비 자금으로 남겨 두는 것이 일반적입니다.

P_건축주는 경제적 부담이 큽니다. 집짓기는 육체적, 정신적, 경제적으로도 힘든 과정입니다. 제일 좋은 것은 건축주의 예산 범위에 맞추는 것입니다. 강조하지만 사전에 조율해서 결정하고 공사가 시작되면, 건축주에게 비용에 대한 부담을 주지 말아야 합니다.

K_그래도 건축주는 임시비용(예비자금)을 확보해 둘 필요가 있습니

다. 어느 정도가 좋겠습니까?

P_예비자금이 필요 없다고 생각합니다. 저는 추가나 변경으로 인한 부담을 지우지 않았습니다. 만일의 경우를 대비한다면 공사비의 5~10% 정도가 적당하다고 생각합니다.

K_현명한 방법입니다. 건축주는 추가 비용에 대한 두려움을 느낍니다. 즉 설계변경이 있는 경우 변경되는 부분에 대한 비용을 걱정합니다. 공사비가 높아지는 이유는 첫째, 설계변경으로 물량이 늘어나는 경우, 둘째, 비싼 재료를 선택하는 경우, 셋째, 공사의 난이도가 높아 공사기간이 길어지거나 숙련된 작업자가 필요한 경우, 넷째, 시공회사의 규모입니다. 이런 것들이 공사비에 영향을 줄 수 있는 요소입니다. 건축주에게 이러한 두려움, 불안함을 주지 않고 만족도를 높일 수 있는 방법이 있을까요?

P_반복해서 이야기 하지만 설계도서 검토를 정확히 하고, 시공 내용을 파악해서 견적서를 확고히 하여 추가 비용 발생을 막아야 합니다. 그 외에도 예산 범위를 초과하지 않을 수 있는 가장 기본적인 준비는 비용 항목을 정확하게 파악하는 것입니다. 미리 검토해서 확정하고 변경하지 말아야 합니다.

K_무엇보다 견적 내용이 정확해야 하는군요. 견격서를 보면 시공자의 능력을 가늠할 수 있습니다. 설계도서에서 어느 정도까지 구체적으로 표기하고 그 내용을 도면에 담아야 합니까?

P_맞습니다. 견적서를 보면 시공자의 실력을 어느 정도 짐작할 수 있습니다. 견적 내용은 아주 구체적이어야 합니다.

설계 논란 이야기

저도 경험한 적이 있습니다. 제가 소개한 건축주와 설계자의 의견 차이로 결국 설계가 마무리 되지 못했습니다. 건축주는 사장님의 이야기처럼 설계도면에 구체적인 제품의 브랜드까지 표기해 줄 것을 요구했습니다. 하지만 설계자는 건축주의 요구를 받아들이지 않았습니다.

일반적으로 설계자는 그렇게까지 설계하지 않습니다. 또 그렇게 할 수 없습니다. 특정 제품을 기입할 수 없습니다. 설계비를 제대로 주고 작품 같은 집이라면 보다 구체적으로 해야 합니다. 누구의 생각이 맞을까요? 설계비의 문제일까요? 어려운 문제입니다. 시공자는 견적의 내용에서 논란의 소지를 없애야 하고 아주 구체적으로 해야 합니다. 시공자가 해야 할 일입니다.

K_사실 현장에서 설계변경은 피할 수 없는 일입니다. 아무리 완벽한 도면과 시방서로 공사를 시작해도 일부를 변경하거나 추가하는 일이 발생됩니다. 즉 시공 중에 추가나 변경이 생기지 않도록 노력해도 어쩔 수 없는 경우가 있습니다. 경미한 변경은 현장에서 자체적으로 처리합니다. 사장님은 어떻게 처리하십니까?

P_설계변경이나 추가가 발생되었다면 그 범위와 내용을 분명히 하고 비용은 깨끗하게 처리합니다. 저는 추가를 발생시키지 않으며 추가로 인해 발생된 비용도 받지 않습니다. 추가된 부분을 정확히 정산합니다. 영수증, 연장된 기간, 인부 수, 통장사본, 작업일보, 용역인건비, 전화번호, 일당, 식대 등 모든 증빙자료와 근거를 정리하여 건축주에게 제출하고, 정산 때 추가 비용을 받습니

다. 시공자의 이익이라 생각하지 않습니다. 이 돈은 시공자가 받는 것이 아니라 추가 공사(공정)에 투입된 업체의 몫입니다. 저는 정산해서 일 한 사람에게 전달 할 뿐입니다.

K_설계변경을 통해 시공자의 손해를 보전하거나 악용하는 사례도 많습니다. 추가나 변경으로 발생된 이익도 시공자의 몫이 아닙니까? 하도급 업체가 하는 일이라도 시공자가 관리하고 마무리 지었다면, 노력의 대가라 생각할 수도 있을 것 같습니다. 시공자 이익으로 간주해도 될까요?

P_저는 그 생각에 동의하지 않습니다. 시공 과정에서 변경으로 발생된 것은 저와 무관한 이익입니다. 변경이나 추가를 발생시키지 않습니다. 아주 경미한 변경이나 불가피한 변경은 품질을 우선적으로 고려합니다. 건축주에게 유리하게 처리하여 논란이 생기지 않도록 마무리 짓습니다. 처음에 제시한 이익만이 저의 것입니다. 무리하게 욕심 부릴 필요 없습니다. 눈앞에 이익보다 미래를 생각하는 것이 좋습니다. 그렇게 하는 것도 건축 영업입니다.

K_역시나 이익에 욕심내지 않아야 한다는 말씀이군요. 하지만 말처럼 쉽지 않을 것 같군요. 객주의 작가 김주영은 조선시대 보부상의 정신을 우리 사회가 배워야 한다고 합니다. 보부상들은 상부상조 정신으로 살았으며 작은 이익에 만족할 줄 알았다고 합니다. 건축 영업에서도 보부상 정신이 필요하겠죠?

P_시공자가 욕심을 부리면 그것도 건축주가 알 수 있습니다. 건축주는 자기 이익만 지나치게 챙기는 시공자를 결코 좋아하지 않습니다. 처음의 약속과 원칙을 지켜야 합니다. 작은 욕심을 버려야 큰 이익을 얻을 수 있습니다. 아주 간단한 이치입니다.

보부상 이야기(김주영의 대하소설 객주)

객주는 한양 상권을 쥐고 권력과 결탁한 시전상인이나 전국 장터를 떠돌던 보부상인을 대상으로 숙소를 제공하고 물품 거래를 주선하던 봉건시대의 금융업과 유통업 종사자를 뜻한다.

"세상에 태어나서 스스로 먼 길을 떠나길 마다하지 않는 인간형은 두 종류다. 종교적 신념을 갖고 멀리 가는 구도자(求道者)가 아니면 물건을 사고 팔려고 멀리 가는 장사꾼이다. 조선시대 후기 장사꾼의 품성 중 오늘의 우리가 배워야 할 것이 많다. 장사꾼들은 자신에게 닥치는 고난에 절대 고개 숙이지 않는다. 장사꾼들은 상부상조 정신으로 살았다. 길을 가다가 쓰러진 사람을 보면 결코 외면하지 않았다. 만약 외면했다가는 보부상끼리 정한 법에 따라 처벌됐다. 보부상들은 탐욕을 부리지 않았다. 작은 이익에 만족할 줄 알았다. 시장 질서를 문란하게 하는 자는 보부상 조직에서 내쫓았다."한다.

소설 '객주'에는 보부상들이 서로 돕고 사는 이야기가 많지만 직업 윤리와 동업자 정신을 위배한 자를 징벌하는 묘사도 나온다. 항간의 부상(負商)들 중에는 불효부제(不孝不悌)한 자가 많았고, 선배에게 오만한 자, 같은 부상끼리나 시골고라리들에게 억매흥정으로 몽리를 취하는 자, 성벽이 완악하고 패악을 일삼는 자, 주색잡기에 탐닉하여 부상의 체통에 똥칠을 일삼는 자, 불의를 서슴없이 범하는 자, 동료들을 대함에 언사가 불공한 자, 연소자나 노닥다리라 하여 업신여기거나 능멸하는 자, 질병 중인 동료를 못 본 체하고 방기하는 자, 동료가 죽었는데도 문상하지 않는 자가 같은 부상들의 눈에 뜨일 경우 어느 시기 처소를 막론하고 발론하여 중벌을 내리었다.

〈조선일보〉, 2014.2.25

K_'나쁜' 시공자는 돈이 모든 것의 판단 기준입니다. 건축이 중요하지 않습니다. 돈 버는 것이 목적이며 건축은 돈벌이 수단일 뿐이죠. 그런데 현실적으로 이런 시공자의 입장도 어느 정도 이해되지 않습니까?

P_이해합니다. 왜 모르겠습니까? 제가 시공자의 심리나 행태를 더 잘 압니다. 하지만 나쁜 마음, 바르지 못한 방법으로 좋은 건축을 할 수 없습니다. 양심 있는 행동으로 정도(正道)를 걸어야 합니다.

K_사장님의 일련의 행동과 방식은 자기 확신, 신념에 근거하는 것 같습니다. 건축주와 한 약속을 지키기 위한 노력입니까?

P_제가 해 온 방식이 실패하지 않은 노하우입니다. 그 방법을 믿습니다. 처음에 제시한 이익만 챙겨도 손해 보지 않습니다. 정확한 견적과 합당한 이익을 제시해야 합니다. 지나친 욕심은 이익이 되지 않으며 '건축의 미래', 즉 건축 수주의 가능성을 보장할 수 없습니다. 일의 연속성이 끊어질 수 있습니다.

K_소탐대실(小貪大失)의 건축 보다는 작은 것을 버림으로써 더 큰 것을 얻는 건축, 작은 욕심을 버림으로써 큰 미래를 얻는 소실대탐(小失大貪)의 건축을 해야 한다는 말씀 같습니다. 결국 건축주를 만족시키고 좋은 관계를 유지해야 한다는 이야기이죠?

P_그렇습니다. 작은 이익은 버리고 큰 것을 생각해야 합니다. 이익 지상주의 보다는 품질 지상주의를 추구해야 좋은 건축을 할 수 있습니다.

경미한 설계변경은 시공자가 부담하기

K_건축주와 시공자 사이가 좋지 못한 것은 대부분 돈 때문입니다. 시공 과정에서 건축주는 작은 것들을 요구하기도 합니다. 추가 서비스 같은 것을 요구할 때가 있죠. 그럴 때는 어떻게 하십니까?

P_건축주에게 경제적인 부담을 주지 않는 것이 만족감을 높일 수 있는 가장 좋은 방법입니다. 경미하게 변경되거나 추가되는 비용은 시공자가 부담하는 것이 좋습니다. 물론 누구나 저처럼 해야 된다는 것이 아닙니다. 저는 제가 한 방식이 좋다고 생각하며 그렇게 했습니다. 추가되는 것 중에서 공사비의 1~2% 범위에 해당되는 것은 서비스 해 드립니다. 무료로 처리해 줍니다. 건축주에게 추가 비용에 대한 부담을 절대 지우지 않습니다. 그것이 저의 원칙이고 서비스입니다.

K_현장에서 실행 예산을 1% 줄이는 데에도 많은 노력이 필요합니다. 1~2%도 적지 않은 돈입니다. 작은 것까지 시공자가 가져야 이익이 커지지 않습니까? 소소하게 추가되는 것까지 시공자가 부담하면 손해가 날수도 있을 것 같은데요.

P_그렇지 않습니다. 건축주를 기쁘게 할 수 있는 사항이며 좋아하지 않는 건축주는 없습니다. 건축주를 만족시키는 것이 중요합니다. 고정 고객이 될 수 있습니다. 조그만 만족이 큰 것으로 돌아오기 때문입니다. 건축주는 시공자를 믿고 집 지을 기회를 주었는데 그 정도 보답은 해야죠. 이익에 대한 욕심을 버려야 합니다.

K_보통 시공자는 조금도 손해 보려고 하지 않습니다. 기본적으로

실행 예산에 맞춰야 합니다. 일반적인 시공자는 사장님처럼 하지 않으며 사장님의 방식을 이해하지 못할 것입니다. "경미한 변경이라도 원칙적으로 건축주가 부담해야 하는 것 아닙니까?"라고 반문할 것 같습니다.

P_그렇게 생각할 수도 있지만 저는 그렇게 하지 않습니다. 자기만의 원칙대로 해야 합니다. 이익이 조금 적어도 손해 보지 않습니다. 공정 관리나 품질 관리를 통해 이익을 발생시키고 견적서에 제시된 이익만 가져야 합니다.

K_설계변경으로 인해 시공비가 애초 계획보다 초과하면 시공자와 건축주가 불편한 상황에 처합니다. 변경이 없도록 노력해도 쉽지 않은 일입니다.

P_불편한 상황이 발생되지 않도록 해야 합니다. 시공자는 설계도서 검토 시 차후에 발생될 수 있는 일들을 모두 예측하여 논의해야 합니다. 건축주는 검토 기간을 충분히 주는 것이 좋습니다. 계약 금액을 존중하고 최대한 변경이 없도록 해야 합니다. 강조하지만 설계도서 검토만큼 중요한 것은 없습니다. 정확한 견적 산출을 통해 공사비를 시공 전에 건축주와 확정하고 이후에는 변경이 없도록 하는 것입니다. 시공자가 최우선적으로 해야 할 역할입니다.

합리적인 공정 관리는 품질로 나타난다

현장 관리를 통한 비용 절감하기

K_건축 현장에는 많은 공정이 맞물려 돌아갑니다. 적절한 공정 관리는 시간과 공간을 효율적으로 관리할 수 있는 유일한 방법입니다. 회의를 통해 조정하고 협의해도 공정이 원활하지만은 않을 것 같은데요.

P_합리적이며 현실적인 공정계획 및 관리를 통해 비용과 시간을 절감할 수 있습니다. 이것은 하도급 업체에게도 좋은 일입니다. 비용과 시간을 절약할 수 있기 때문입니다.

K_건축인 진윤구는 재시공 예방, 외주 관리 강화, 장비 및 자재 구매의 합리화, 인력의 최소화를 통해 예상 건축비의 70%로 공사를 마치고 예산도 절감했다고 합니다. 비용을 절감할 수 있는 좋은 방법이 있습니까?

P_현장 관리를 통해 공사비의 5~10% 정도에 해당하는 비용을 절감할 수 있습니다. 저는 항상 현장에 있습니다. 현장은 제가 있어야 할 곳이며 현장 관리를 통해 비용을 절감합니다. 제가 할 일은

하도급 업체가 바라는 것을 파악하고 잘 할 수 있도록 돕는 것입니다. 현장에서 모든 것을 체크하고 관리합니다.

K_시공자는 최대한 품질을 유지하며, 최적 공사비로 최적 시간 내에 공정을 마무리하기 위해 끊임없이 노력해야 합니다. 공정 관리는 비용 절감을 위해 중요하군요. 공정 관리는 구체적으로 어떻게 하십니까?

P_공정 관리는 공정에 관련된 모든 업체를 파악하고, 성공적으로 일을 마칠 수 있도록 무엇을 언제 어떻게 해야 하는지를 조정하는 것입니다. 한 공정이 끝나기 전에 다음 공정을 생각합니다. 공정과 공정 사이에 빈틈이 없도록 준비해서 합리적인 방향으로 이끌어 주는 것입니다. 다음 일을 시작하는데 문제가 없도록 조정해야 합니다.

K_사장님께서 현장에 있는 것은 원활한 공정 진행을 위한 것으로 생각합니다. 하도급 업체가 연관된 공정에 맞추어 유기적으로 잘 할 수 있도록 하신다는 것입니까?

P_물론입니다. 현장 관리와 품질 관리, 원가 관리, 인력 관리, 자재 관리 등이 동시에 연속적으로 이루어집니다. 즉 공정 관리가 연속된 시스템으로 작동됩니다. 이것을 통해 비용을 절감하고 이윤을 창출할 수 있습니다. 집을 짓고 건축을 한다는 것은 결국 시간과 비용의 싸움이며, 사람을 어떻게 다루냐에 달려 있습니다. 시간과 사람이 핵심입니다.

K_시간과 사람은 비용을 발생시킵니다. 시간을 절약하는 것이 비용

을 절약하는 것이군요. 역시 사장님은 다르시네요. 사장님이 현장을 비우지 않는 이유를 알겠습니다. 어떻게 보면 현장 관리가 건축 공정의 핵심입니다.

P_그렇습니다. 현장은 살아있는 생명체와 같습니다. 예상치 못한 일이 발생하는 것이 현장입니다. 모든 문제는 초기에 대처해야 합니다. 이것이 성공적인 현장 관리의 필수 조건입니다. 제가 20년 동안 해 온 것이며 현장관리자는 현장을 비우지 말아야 합니다. 저처럼 하려면 체력이 뒷받침되어야 현장을 관리할 수 있습니다. 현장에서 검토하고 결정하고 지시하는 모든 일들이 신속하게 이루어져야 합니다. 시간과 비용을 절약할 수 있습니다.

K_문득 SK의 전 김성근 감독이 생각나네요. 그는 야신(野神)이라 불립니다. 책을 보면 그는 선수들이 잘 할 수 있도록 도와준 사람이었습니다. 선수 개개인의 능력이 최대한 발휘될 수 있도록 기회를 주고, 야구에 대한 기본적인 자세를 주입시켰습니다. 그에 따라 선수들도 열심히 했고 한국시리즈 우승도 했습니다. 사장님도 현장에 남아서 각 공정에서 일하는 사람을 도와주고, 그들이 잘 할 수 있도록 관리를 하셨군요.

P_저는 하도급 업체의 역할이 중요하다고 생각합니다. 제가 할 일은 현장에서 공정을 실시간으로 직접 조정하고, 일하는 사람의 다음 일을 챙겨주고 애로사항을 들어주는 것입니다. 그들을 도와주어야 합니다. 마감을 챙기고 후속되는 일을 미리 준비하는 일입니다.

K_현명한 시공자라면 시간과 비용을 최대한 절약하면서 최상의 결

과를 도출할 것입니다. 공정 관리를 통해 비용을 절감할 수 있습니다. 그 외에는 어떻게 비용을 절감하십니까?

P_공사비를 절감할 수 있는 방법은 많습니다. 재시공의 사전 예방과 외주 관리 강화, 장비 및 자재 구매의 합리화, 공사 관리 인력의 최소화를 통해 비용을 절감할 수 있습니다. 재시공을 방지하고 공정 관리를 제대로 하여 비용을 절감합니다. 이것이 무엇보다 중요합니다.

품질은 현장관리자의 역할에 좌우 된다

K_현장 관리에 있어 현장관리자의 책임과 역할은 절대적입니다. 현장의 효과적인 운영과 품질 확보, 적기 시공을 위해서 현장관리자의 능력과 리더십이 중요합니다. 현장관리자의 역할과 능력은 무엇입니까?

P_현장관리자는 시공자로서 지식이나 기술을 갖추어야 합니다. 도면과 시방서에 대한 철저한 이해를 바탕으로 건축시공의 기본과 원칙에 충실해야 합니다. 공정을 관리하고 사람을 관리할 줄 알아야 합니다.

K_현장책임자는 자기 스스로 도면을 보고 시방서를 확인해야 합니다. 하지만 이것을 소홀히 하는 기술자가 많습니다. 현장책임자가 도면과 시방서를 읽지 않고 현장을 운영하는 것은 있을 수 없는 일 아닙니까?

P_기본적으로 자질이 없는 관리자입니다. 공부하는 현장책임자를 찾아보기 어려운 것이 사실입니다.

K_현장관리자는 현장 관리 즉 공정 관리, 품질 관리에 주력해야 합니다. 하도급 업체 관리도 잘해야 되지 않습니까?

P_직접 진행되는 상황을 하나씩 눈으로 확인하고 후속 공정에 대한 것을 머릿속에 그려야 합니다. 하도급 업체에게 맡겨두어서는 안 됩니다. 일의 전후를 생각해서 하도급 업체에게 작업을 지시해야 합니다.

K_현장관리자는 모든 조직원과 의사소통이 원활해야 합니다. 민원을 발생시키지 않고 일을 순조롭게 해나가는데 있어 관리자의 역할이 큽니다. 회사를 대표하는 현장관리자에게는 그에 상응하는 자질과 품행, 인격이 수반되겠지요.

P_그렇습니다. 실패하는 현장은 관리를 소홀히 하거나 자질이 없는 관리자로 인한 경우입니다.

K_시공은 모든 협력업체가 적절한 이익을 얻으면서 요구하는 품질을 주어진 시간에 만들어내야 합니다. 하지만 각각의 관리자 능력과 경험이 천차만별이기 때문에 결국, 일선에 있는 기능공(작업자)의 능력에 의존하는 것이 현실입니다. 어떻게 생각하십니까?

P_작업자의 능력이 중요하지만 기능공이 제대로 하는지 현장관리자가 확인해야 합니다. 현장의 생산성 차이는 현장관리자의 손에 달려 있습니다. 현장소장의 비중과 함께 현장 간부직원의 능력과 의지가 그 회사, 그 현장의 생산성을 좌우합니다.

K_현장에 가보면 인부들의 솜씨에 놀랄 때가 있습니다. 현장관리자로부터 일을 전달 받는 중간 사람의 역할도 중요하지요?

P_물론입니다. 그래서 저는 협력업체를 잘 바꾸지 않습니다. 협력업체의 반장, 관리자 능력이 현장의 품질과 생산성을 좌우하기 때문입니다. 그들의 경험과 숙련도가 현장의 표준이 되므로 인간적으로 존중하면서 현장을 이끌어 가야 합니다.

K_건설 현장에서 몸으로 일하는 사람의 역할을 무시하지 못합니다. 작업자의 수고와 재능이 품질에 영향을 미칩니다. 그 분들의 노력과 땀이 구체적 결과로 나타납니다. 그렇지요?

P_성실하게 일하는 노무자의 역할도 큽니다. 칭찬은 그들이 보다 우수한 기량을 발휘할 수 있도록 해 줍니다. 항상 친절하고 따뜻하게 대해 주어야 합니다.

K_건축물이 완성되기까지는 많은 사람, 물건, 정보를 필요로 하고, 이들 각 요소는 상호 복잡한 연관성을 가집니다. 공정 관리와 품질 관리는 어떤 관계가 있습니까?

P_철저한 공정 관리는 품질을 높이기 위한 것입니다. 현장에서 가장 중요한 것은 직접 일하는 조직이 애써 한 일을 변경하지 않도록 미리 확인하고 지도하는 일입니다. 근로자가 작업에 임할 수 있도록 철저하게 준비하여 타 작업이나 연관 공정 때문에 작업을 할 수 없는 상황이 되지 않도록 해야 합니다. 의사 결정이 늦어서는 안 됩니다.

K_사장님은 많은 집, 건축물을 지었습니다. 소규모 공사(주택, 근린생활시설, 공장 등)를 주로 하셨다고 볼 수 있습니다. 사장님의 방식은 소규모 공사에만 적용할 수 있겠다는 생각이 드는군요.

P_대형공사나 소형공사든 어디에도 적용 할 수 있습니다. 규모에 관계되지 않습니다. 특별한 공정을 빼면 나머지 공정은 비슷하며 현장 관리는 방법론적인 것입니다.

품질 관리는 고객 만족의 핵심이다

작업복 정신은 품질을 위한 것

K_건축은 행복한 삶을 담는 공간이며 생활을 담는 그릇입니다. 건축을 하나의 물건이나 제품으로 본다면 제품의 모양보다는 질적인 측면이 중요합니다. 건축인의 목표는 좋은 건축, 행복한 건축을 하는 것이죠?

P_건축주는 좋은 건축을 원합니다. 품질 관리는 소비자가 요구하는 상품의 질을 충족시켜는 것입니다. 시공자는 질적으로 좋은 품질의 건축을 하기 위해 노력해야 합니다. 시공자 측면에서 보면 당연한 것이며 시공의 핵심은 집(건축물)이라는 '상품(제품)'의 질을 높이는 것입니다.

K_상품의 기본은 '신뢰'이며 이러한 신뢰를 실현하는 것이 '기술'입니다. 건축은 신뢰와 기술이라는 매개체를 기본으로 하여 고객만족을 달성해야 합니다.

P_기술은 건축의 품질을 좌우합니다. 신뢰와 시공자의 서비스는 고객만족으로 연결됩니다. 신뢰와 서비스가 좋은 건축을 할 수 있는 요소입니다.

좋은 건축(집)의 개념 및 정의

◈ 박인석, 박철수

좋은 집은 실용적인 집이어야 한다. 실용적이라는 것은 매일의 삶을 힘들고 고달프게 하지 않는다는 뜻이다. 겨울에 춥지 않고 여름에 덥지 않은 집, 물이 새지 않고 결로 없고 곰팡이 피지 않는 집은 삶을 편하게 해 준다. 엄청난 전기료와 가스비로 매달 가슴 쓸어내리는 일 없는 집이 실용적인 집이다.

〈아파트와 바꾼집〉, 박철수, 박인석

◈ 알랭 드 보통(Alain de botton)

우리는 우리 환경이 우리가 존중하는 분위기와 관념을 구현하고, 우리에게 그것을 일깨워주기를 은근히 기대한다. 건물이 일종의 심리적 틀처럼 우리를 지탱하여, 우리에게 도움이 되는 우리 자신의 모습을 유지해 주기를 기대한다.

〈행복의 건축〉, 알랭 드 보통

◈ 홍성태

좋은 건축이란 여러 행위들의 좋은 기반을 만들고 좋은 거주를 이루는 것이라 할 수 있다. 좋은 건물은 여섯 가지 요건을 기준으로 한다. 안전성, 생태성, 편리성, 조화성, 역사성, 심미성이 그것이다. 여기서 건축의 결정과 시행 과정이 모두 투명하게 이루어져야 한다는 것을 전제한다.

〈사회로 읽는 건축〉, 홍성태

◈ 승효상

좋은 건축과 건강한 도시는 우리 삶의 선함과 진실 됨과 아름다움이 끊임없이 일깨워지고 확인될 수 있는 곳이며, 그것은 비움과 고독을 통해 얻어지는 것이다. 미숙한 시대에 사는 우리의 모습을 반추하게 하는 그런 건축을 '진실의 건축'이라 한다.

〈오래 된 것은 아름답다〉, 승효상

◈ 임석재

좋은 건축은 의식주가 건강성을 유지해야 하며 함께 골고루 발전해서 균형 잡힌 협력과 조화를 이루어야 한다.

〈교양으로 읽은 건축〉, 임석재

◈ 유걸

좋은 건축물은 사람을 행복하게 한다. 궁극적으로 '창의적인 생활을 끌어낼 수 있는 건축'이를 위해 건축가는 설계부터 시공까지 오롯이 그 속에서 생활할 사람을 생각해야 한다.

〈신동아 통권 583호〉, 유걸

K_"건축은 감동이다."라고 컬럼비아대학교 유진 라스킨(Eugene Raskin) 교수는 말합니다. 감동이 부드럽다면 건축도 부드럽고 감동이 위대하면 건축도 위대하다. 감동이 없다면 건축도 없다. 오직 건물만 있을 뿐이라고 합니다.

P_고객 감동이란 말이 있지 않습니까? 건축주와 사용자에게 감동을 주면 더 할 나위 없이 좋습니다. 건축의 품질과 시공자의 노력으

로 소비자를 감동시켜야 고정 고객으로 만들 수 있습니다.

K_좋은 건축은 개인의 삶을 풍부하게 만들고 사회를 조금 더 개선시킬 수 있습니다. 좋은 건축은 어떻게 달성될 수 있을까요?

P_건축 품질을 높여야 합니다. 품질이 핵심입니다. 품질과 서비스를 갖추는데 온 힘을 쏟아야 합니다. 고객은 좋은 걸 알아서 찾아가는 전문가입니다. 작은 부분까지 치밀하게 신경 써야 합니다.

K_저는 '좋은 건축 운동'과 같은 캠페인이 필요하다고 생각합니다. 즉 건축문화의 수준을 높이고, 하자와 부실 없는 건축을 추구하는 사회적인 노력이 필요하다는 이야기입니다. 좋은 건축은 인간을 위한 것이며 사회적 비용도 경감시킵니다. 사장님이 생각하시는 좋은 건축의 정의는 무엇입니까?

P_디자인적인 측면에서 형태나 모양도 중요하겠지만, 시공적인 측면에서 좋은 건축은 하자 없는 건축으로 고객에게 만족감을 주는 것입니다. 공사비는 비싸지 않아야 합니다. 좋은 건축 운동을 사회 속에 큰 흐름으로 만들어야 합니다.

K_건축이란 상품(Total product)의 가치는 합리적인 가격과 질로서 평가됩니다. 사장님은 '본원상품', '기대상품'의 수준이 아니라 '부가가치상품'의 수준까지 만들어주신다는 말씀 같습니다. 과거에는 기대상품의 수준에 머물던 고객의 요구는 현대사회가 다원화되면서 요구 수준이 높아졌습니다. 정보사회에 진입하면서 부가가치상품은 물론이고, 잠재상품에 대한 요망까지도 표출되고 있습니다. 어떻게 생각하십니까?

P_그렇습니다. 건축주가 기대하고 요구하는 것 이상으로 만들어 주어야 감동을 느낄 수 있습니다. 예상치 못한 기쁨을 주거나 기쁜 마음을 느끼게 해야 합니다.

건축이란 상품(Total product)

본원상품 (Generic product)	건축물 그 자체
기대상품 (Expected product)	본원상품+고객이 원하는 최소수준의 욕구를 반영하는 것(합리적 가격+건축의 질)
부가가치상품 (Value-added product)	고객의 기대를 넘어 고객의 구체적이고 차별화된 욕구를 반영하는 것(개인화된 서비스), 건축주의 요구+α
잠재상품 (Potential product)	다양한 고객이 욕구를 뛰어넘어 고객의 잠재적 욕구를 기업이 미리 파악해서 제공하는 것, 기업의 창조성이 요구되는 상품

〈디자인 창의성을 위한 건축조직〉, 이재인

K_저는 사장님께서 건축을 부가가치상품으로 만들어 건축주를 만족시킨다고 생각합니다. 하지만 부가가치상품으로 만들기가 쉽지 않을 것입니다. 얼마나 많은 노력이 필요할까요?

P_가장 어려운 질문입니다. 어떻게 설명해야 할지 모르겠지만 한마디로 많은 정성과 노력이 필요합니다. 가장 중요한 것은 건축의 질을 높이는 것입니다. 100% 최선을 다했다면 여기에 2~3%만 더 하면 좋은 품질을 만들 수 있습니다. 감동도 줄 수 있습니다. 하지만 2~3% 더 노력하는 것이 어렵습니다. 조금 더 정성을 기우려야 합니다. 쉬우면서도 힘든 것입니다. 대부분 사람들은 90~100%까지만 합니다.

K_100%까지 하는 것도 어렵습니다. 사장님은 약속한 부분보다 더 하시고 약속을 행동으로 옮기십니다. 행동으로 옮기는 것과 옮기지 않는 것의 차이는 무엇입니까?

P_결국 힘들기 때문입니다. 힘든 일을 누구나 즐겨하지 않습니다. 쉬운 지름길을 가려고 하지 힘든 일은 꺼려합니다. 하지만 남들보다 더 정성을 들이고 노력하면 품질을 높일 수 있습니다. 그러면 인정받을 수 있습니다. 고객으로부터 고맙다는 이야기를 들을 수 있어야 합니다.

K_사장님은 지속적인 하자 관리와 철저한 현장 관리를 위해 노력하셨습니다. 그런 노력을 고려해 보면 상품의 질을 충분히 짐작할 수 있겠습니다. 지속적으로 고객이 유지되는 것을 보면 건축의 품질을 인정받아 건축주에게 신뢰를 얻은 것이죠.

P_고객과의 약속을 지키기 위해 노력했습니다. 고객의 불평을 듣지 않아야 합니다. 제가 지은 집을 자신 있게 보여 줄 수 있습니다. 언제든지 가능합니다.

K_무네쓰구 토쿠지(宗次德二)가 만든 '되는대로 경영'의 절대적인 조건은 경영자의 초 솔선수범, 초 현장주의, 초 고객 제일주의 입니다. 여기서 '초(超)'라는 단어가 중요합니다. 사장님께서 현장을 지키는 것(현장 중시), 건축주를 만족시키기 위해 노력하는 것(고객 만족), 낮은 자세로 일하시는 것(솔선수범)이 되는대로 경영의 조건과 유사합니다.

P_저의 약속과 비슷하군요. 현장 중시, 고객 만족, 솔선수범이 성공의 열쇠입니다. 경영자는 세 가지 사항을 지속적으로 실천해야 합니다.

K_시공자는 설계도면 대로 시공해야 하는 것이 당연하다고 생각합니다. 반드시 설계도면 대로 시공해야 할까요?

P_시공과 설계의 차이가 존재합니다. 설계도면을 기준으로 삼아 시공하는 것이 기본입니다. 하지만 설계도면 대로 시공을 하는 것이 최선이라 생각하지 않습니다. 설계도면 대로만 시공하면 안 됩니다. 저는 도면대로 시공하는 것을 고집하지 않습니다. 설계도면은 일종의 가이드라인이라고 생각합니다. 그대로 시공을 하라는 뜻이 아니라 시공자가 기본과 원칙을 지키며 현장 상황에 맞도록 적용하는 것입니다.

K_설계도면은 품질과 성능, 공사비 산정을 위한 기준이며 디자인에 대한 의지와 품질, 가격에 관한 기준입니다. 설계도면을 어느 정도 따라야 하고 어떤 의미를 지닙니까?

P_설계도면을 완전히 이해하고 접근해야 합니다. 현장에서는 대체로 시공자가 실질적인 경험이 더 많습니다. 현장 시공은 시공자가 설계도면을 보고 도면에 기초하여 자신의 방식으로 재해석하는 것입니다. 설계도서는 시공의 근거가 됩니다. 시공자는 당연히 도서 내용을 포괄적으로 검증하고 개선할 책임과 의무를 져야 합니다.

좋은 품질은 땀과 노력의 결실이다

K_사장님은 현장에서 작업복을 입고 직접 육체노동을 하면서 현장을 관리 하셨습니다. 건축 과정, 공정에 직접 참여하시는 것입니다. 특별한 이유가 있습니까?

P_그렇습니다. 현장에서 제가 하는 일과 노력은 시공의 질(Build quality)을 높이기 위한 것입니다. 할 수 있는 일이 많습니다. 현장에서 이루어지는 모든 것을 확인해야 합니다. 쉴 시간이 없습니다.

K_사장님이 현장에서 하시는 것을 보면, '건축(建築)'이라는 용어보다 '영조(營造)'라는 용어가 더 적절한 것 같습니다. 영조는 집 따위를 짓거나 물건을 만드는 것을 뜻합니다. 시공자 입장에서는 영조가 더 어울립니다. 사장님의 현장 작업 방식에도 부합된다고 생각합니다. 현장의 품질을 강조하는 용어, '영조'는 집을 하나씩 만들어가는 것입니다. 사장님은 현장을 직접 관리하고 지도합니다. 그 이유는 무엇입니까? 타고난 성격 때문에 그렇게 하시는 것입니까?

P_저의 성격이며 원칙입니다. 좋은 건축을 해야 합니다. 집을 짓는 것은 연속적인 공정이 동시다발적으로 이루어지는 과정입니다. 시공자는 품질에 대한 책임을 져야 합니다. 제가 현장에 있는 것은 공정이 진행되는 상황을 눈으로 확인하고, 후속 공정에 대한 것을 머릿속에 그리기 위한 것입니다.

영조(營造)의 의미

'건축(建築)'이라는 각종 재료를 이용해서 건물을 만드는 행위라는 것이며, 무미건조한 기능적 용어라 할 수 있다. 일본에서 만들어진 한자어 건축은 세우고 쌓기를 뜻한다. 그에 비해 영조(營造)는 집 따위를 짓거나 물건을 만드는 것을 뜻한다. 집은 세우는 게 아니라 짓는 것이다. 밥을 짓고 농사를 짓고 시를 짓듯이 집은 지어서 만드는 것이다. '짓는다'는 말은 어떤 재료를 가지고 생각과 뜻, 마음을 통하여 전혀 다른 결과로 변화시켜 나타내는 것이다.

K_리처드 파인만(Richard Phillips Feynman)은 "내가 만들지 못하는 것을 나는 이해하지 못한다."라고 했습니다. 이 말처럼 사장님은 현장에서 직접 과정에 참여하여 만들고 그것을 확인합니다. 현장에서 품질을 구체적으로 만들어 낸다고 볼 수 있습니다.

P_현장을 지키며 시공 과정에 참여하는 것은 오류를 줄이기 위한 것입니다. 지시한 것이나 현장에 이루어진 공정을 직접 확인해야 합니다. 제가 언제나 현장에 있는 것은 저와의 약속을 지키기 위한 것입니다. 최고의 상품으로 만들어야 합니다. 저 스스로의 믿음에 보답해야 하기 때문입니다.

K_사장에게 있어 가장 사장답게 있을 수 있는 곳은 현장이라는 생각이 드네요. 현장이 중요하다고 새삼 깨닫습니다. 현장을 지키는 것이 기본이라 할 수 있습니까?

P_네, 기본 중의 기본입니다. 현장에 장시간 있다 보면 현장 인식이 가능합니다. 문제점에 대한 개선 방법과 방향성, 사원과 고객의 불만, 요구사항, 기쁨이 손에 잡힐 듯 가깝게 느껴집니다.

K_앞에서 이야기 하신 사장님의 작업복 이야기와 비슷한 사례가 있습니다. NXC의 김정주 대표도 넥슨을 창업하기 전에 안산에 있는 대덕전자에서 파란색 작업복을 입고, 밤을 새어 CAD, CAM 프로그램을 수행했다고 합니다. 대덕전자에서 근무하면서 아이디

어를 구체화하고 그 덕분에 넥슨을 창업할 수 있었습니다. 이 때 "멀리 보고 길게 가야 한다."는 기업 철학을 배웠다 합니다. 기업의 CEO는 현장 경영을 중요시하고 고위공직자도 정확한 사실 파악을 위해 현장을 찾습니다. 현장에서 답을 찾고자 노력합니다. 뜻을 이루려면 현장에서 몸으로 부딪히는 정신과 작업복 정신이 반드시 필요한 것입니까?

P_건축가 승효상도 "진실은 현장에 있다."라고 했습니다. 답은 언제나 현장에 있습니다. 현장에서 직접 체험하고 몸으로 부딪치며 느끼는 것이 중요합니다. 직접 현장에서 부딪쳐 봐야 프로세스와 일에 대한 감을 제대로 배울 수 있습니다.

K_일본의 중소 건설회사 '헤이세이(平成)건설'이야기도 인상적이더군요. 이 회사는 대학생의 건설 분야 취업 희망 기업 10위안에 듭니다. 가장 특징적인 것은 입사한 사원은 모두 건설 현장에 가서 목재 운반 같은 잡일부터 대패질, 미장 같은 고(高)단계 작업까지 배운다고 합니다. 건설회사의 모든 공정을 몸으로 익히도록 하는 것이 회사 방침입니다. 아키모토 히사오(秋元久雄) 사장도 굴삭기를 몸소 운전하고 현장 분위기도 익힙니다. 현장에서 공정을 몸으로 익히도록 하는 것입니다. 이런 회사를 어떻게 생각하십니까?

P_아주 독특한 회사입니다. 우리나라에서는 찾아 볼 수 없는 사례입니다. 일본의 건축 방식은 배울 것이 많습니다. 보고, 듣는 것보다는 현장에서 직접 몸으로 직접 해 보는 것이 효과적입니다. 몸으로 부딪히며 체험하는 것이야 말로 최고의 자산이 됩니다. 직접 해보지 않으면 모릅니다. 직접 해보아야 본질을 파악할 수 있습니다.

일본의 헤이세이(平成) 건설 이야기

도쿄 인근 시즈오카현(静岡縣)에 있는 중소 건설회사 헤이세이(平成)건설은 1989년 창립 후 지금까지 23년 동안 단 한해도 적자를 내지 않았다. 2011년 총 연 매출 120억엔(약 1,700억 원)에 직원 수 500여명 규모의 중소기업이다.

이 회사의 특징은 네 가지이다. 첫째, 전원(全員) 정사원이다. 입사한 사원은 모두 건설 현장에 가서 목재 운반 같은 잡일부터 대패질·미장 같은 고(高)단계 작업까지 배우고, 모든 공정을 몸으로 익히도록 한다. 아키모토 히사오(秋元久雄) 사장은 "현장에서 사라져가는 다이쿠(大工, 일본 전통 방식으로 목조 건물을 짓는 목공, 설계부터 시공까지 하는 전통건축의 장인)들의 지혜가 아까웠습니다. 이들 정말 엘리트인데 요즘 건설사들은 이들을 활용하지 않고 있어요. 그래서 제가 이들을 중심으로 한 회사를 만들었습니다."라고 말했다.

둘째, 설계·기초·골조·철근·시멘트·목공·사후 관리 같은 건설업의 모든 부문을 자사 안에 두고 있다. 대다수 건설사가 공정을 잘게 쪼게 전문 시공 업체에 나눠줄 때, 헤이세이 건설은 거꾸로 전체 공정부문과 인력을 운용하며 한 건물을 한 팀이 알파에서 오메가까지 모두 책임지게 하고 있다. 일본 대다수 건설회사가 개별 전문기업에 하도급을 주고 전체를 감독, 관리하는 스타일이다. 하지만 헤이세이 건설은 다르다. 수많은 건설회사가 하는 비즈니스 모델을 흉내 내지 않는다.

셋째, 5~6명 남짓한 본부장(임원급)을 직원 선거로 뽑는다. 본부장 선거는 직원들을 위한 것이다. 좋은 사람과 일하면 더 효율이 난다는 간단한 이치다.

넷째, 건설 현장을 중시한다. 최고 건물에는 최고 디자인과 최고 시공이 함께해야 한다는 논리이다. 디자인만 좋고 엉터리로 만든 건물에서 살고 싶은 사람은 없기 때문이다.

〈조선일보〉, 2012.10.27

K_뭐든지 이론적으로 아는 것과 몸으로 부딪쳐서 체득하는 것은 크나큰 차이가 있죠. 우리 사회에는 3D업종을 기피하는 경향이 강합니다. 요즘 젊은이들이 현장의 육체적인 노동을 견뎌낼 수 있을까요? 사장님도 직원들에게 몸으로 하는 일을 시켰습니까? 사장이 일을 하면 직원이 지켜보고 만 있을 수 없었을 것 같습니다.

P_절대로 강요하지 않았습니다. 직원은 각자의 역할이 있으며 그 역할에 최선을 다해야 합니다. 저는 제가 할 일이기 때문에 한 것입니다.

K_사장님은 현장에서 몸으로 집을 만드신다고 할 수 있습니다. 화가 오치환과 작가 김훈은 몸으로 자기만의 세계를 펼치고 있습니다. 오치환은 그림을 그릴 때 붓을 사용하지 않습니다. 손에 물감을 묻혀 그리며 손으로 여러 번 문질러 자기만의 색을 찾습니다. 김훈은 요즘 같은 디지털 시대에 연필로 글을 씁니다. 연필로 쓰기는 몸으로 쓰는 것이라고 합니다. 연필로 글을 쓸 때, 어깨에서부터 손가락 끝까지 작동되는 자기 몸의 힘이 원고지 위에 펼쳐지면서 문장이 하나씩 태어난다고 합니다. 살아 있는 몸의 육체감, 육체의 현재성이 없이는 한 줄의 글도 쓸 수 없다는 것입니다. 이런 분들처럼 산다면 모두가 자기분야에서 고수가 되지 않

을 수 없을 것 같아요.

P_솔직히 그 분들에 대해 잘 모릅니다. 저는 제 방식대로 해 왔을 뿐이며 좋은 품질을 만들기 위해 몸으로 일했습니다. 그것이 저만의 방법입니다.

K_건축과 문학(글쓰기)의 비유가 어색하지만 공통점이 있습니다. 바로 '짓다'라는 단어입니다. 집도 짓고 글도 짓는 것입니다. 김훈은 "글은 육체가 아니지만, 글쓰기는 온전한 육체노동이다."라고 하더군요.

P_저는 현장에서 몸으로 건축을 만듭니다. 품질을 높여야만 합니다. 현장 사무실에는 의자가 없습니다. 나태함을 경계하기 위한 것입니다. 하루 종일 식사 시간을 제외하고는 의자에 앉지도 않습니다. 앉으면 눕고 싶은 것이 사람의 마음입니다.

K_문학박사 권상호는 영어의 'build'나 한자어의 '건(建)'에 비해 우리말 '짓다'는 삶의 전반에 밀착되어 있고, '무한 창조의 동사'로 볼 수 있다고 합니다.

P_'짓다'라는 단어가 좋은 의미이군요. 저는 현장관리자, 기술자와 함께 시행착오를 반복합니다. 그러다 보면 새롭거나 개선된 방법이 나옵니다. 직접 몸으로 건축을 하고 건축하기를 육체로 합니다. 자발적으로 육체적 노동을 하는 것입니다. 현장에서의 육체적인 노력은 건축의 품질을 높이기 위한 행위이자 몸짓입니다.

K_사장님의 약속 중 하나는 현장을 지키는 것인데, 그것은 '현장 중심 경영'입니다. 현장에 몸을 던지는 것이 성공의 지름길이라고 단언 할 수 있습니까?

P_네, 그렇습니다. 건축은 현장이라는 장소, 현장에서의 시간이 절대적으로 중요합니다. 경영자가 현장을 지키느냐, 책임 있는 사람이 현장에서 그때그때 잘못된 부분을 개선하느냐, 그렇게 하지 않느냐는 큰 차이가 있습니다. 1분 1초도 현장 관리를 소홀히 해서는 안 됩니다. 비용과 시간을 절약할 수 있습니다.

현장 중심 경영의 논리

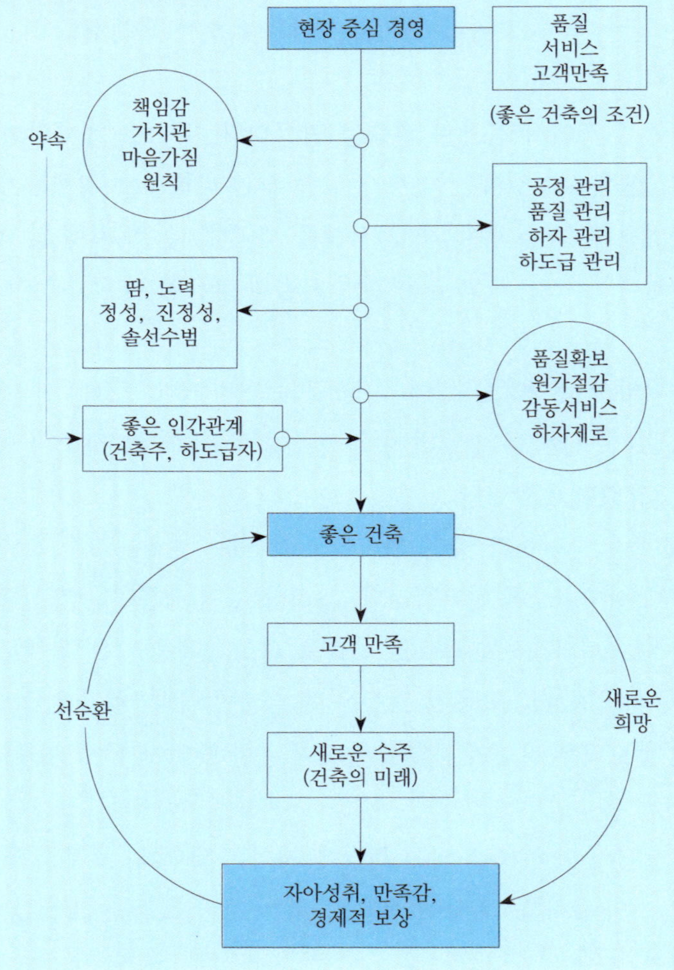

긴밀한 현장 관리와 품질 관리

K_"건축을 꿈꾸는 사람", "건축을 그리는 사람", "건축을 만드는 사람"이 있습니다. 이 중에서 사장님은 '건축을 만드는 사람'입니다. 현장에서 하는 방식은 '몸으로 하기'입니다. 건축의 품질을 만들어내기 위한 것입니다. 무진장 애를 쓰시고 정성을 다하십니다. '애씀'이라는 말 자체에는 이미 고통이 전제되어 있습니다. 노력하기 위해서는 다른 즐거움을 포기해야만 하기 때문입니다. 그 점에서 보면 건축 외의 다른 것은 모두 건축에 종속되어야만 합니다. 왜 그렇게까지 해야 합니까?

P_건물을 짓는 것은 안정적인 생존과 생활의 장소를 만드는 것입니다. 건축의 본질이라 생각합니다. 좋은 품질은 그냥 만들어지는 것이 아닙니다. 건축주와의 약속, 건축 품질에 대한 약속을 지키기 위한 것이며, 저 자신과의 약속을 지키기 위한 것입니다. 얼마나 애를 쓰느냐에 따라 품질이 달라지기 때문에 정신적으로 집중해야 하며, 육체적으로 쉼 없이 공정을 챙겨야 합니다. 그래서 저는 현장 인력이 하지 않는 일도 하는 것입니다.

K_실제로 몸을 아끼지 않고 일을 하셨군요. 사장님은 현장 인력이 하지 않는 일도 하신다고요. 놀랍습니다. 본인에게 지나치게 가혹한 것 아닙니까?

P_저는 인부가 꺼려하는 일도 합니다. 건축 품질에 관련된 것이라면 못할 이유가 없습니다. 제가 할 수 있는 일이라면 무슨 일이든지 합니다.

K_사장님은 현장에서 겸손한 자세로 약속을 실천하기 위해 최선을 다하십니다. 사장님은 인부들이 하지 않은 일까지 하시며 낮은 자세로 일하시는 모습이 마음에 와 닿네요. 일반적인 건설회사 사장과 다릅니다. 일종의 몸에 밴 '치열성'을 느낄 수 있습니다. 언제나 작업복을 입고 품질을 높이기 위해 고군분투하십니다. 품위를 유지하기 위해 신경을 쓰거나 좀 쉬어도 될 법한 사장임에도 불구하고, 몸을 아끼지 않고 일하시는 이유는 무엇입니까? 왜 그래야만 합니까?

P_제가 한 약속을 지키기 위한 것입니다. 사장은 누구도 신경 쓰지 못하고 누구도 하지 않는 일, 하기 싫은 일을 자신의 일로 여겨야 합니다. 건축 품질은 타인이 만들어 주지 않습니다. 고객과 약속한 사장과 현장을 관리하는 책임자가 좋은 품질을 만들어야 합니다. 현장에서 할 수 있는 일을 하는 것은 저만의 원칙이기 때문입니다. 제 방식대로 해야 안심할 수 있습니다. 저를 따라할 필요는 없습니다. 자기만의 원칙과 방식대로 해야 합니다. 레미콘을 타설할 때는 식사를 거를 때도 있습니다. 신경 써야 할 부분이 많기 때문에 점심을 굶기도 합니다. 그 만큼 전력을 다합니다. 그렇게 해도 항상 완벽함은 비켜 가죠.

건축 품질을 위해서라면

현장관리자는 노무자처럼 일하지 않는다. 하지만 박성봉 사장은 현장에서는 관리자, 소장이 아니라 한 사람의 노무자처럼 일한다. 그렇게 하는 것이 바람직하다고는 할 수 없다. 그는 경영자이자 현장관리자, 기술자, 노무자라고 할 수 있다. 이것이 그만의 방식이며 현장에 임하는 철칙이다. 현장에서 한 치의 오차나 착오를 없애기 위한 몸부림인 것이다. 이것이 실질적인 그의 진솔한 모습이다.

물론 마음에 들지 않거나 잘못된 부분이 있으면 다시 해야 한다. 재시공을 없애기 위해 현장을 비울 수 없는 것이다. 이것이 건축의 품질을 결정하는 중요한 요소이다. 품질을 높이는 것이 그 만의 원칙이고 약속이다.

K_건축에 대한 의지가 순수하고 약속 실천에 대한 각오가 정말 대단하십니다. "참으로 많은 공을 들인다."라고 느껴집니다. 현장 관리를 철저히 해야 한다고 하셨는데 구체적으로 어떻게 하는 것입니까?

P_현장 관리란 사전에 세운 계획을 현실적으로 실천하는 과정입니다. 문제점을 예측하고 조기에 발견하여 조치해야 합니다. 품질을 높이기 위한 과정의 반복이며, 현실적인 공사 계획을 수립하고 수립된 계획을 실천하는 것입니다.

K_19세기의 위대한 작곡가 베르디(Giuseppe Verdi)는 80세가 넘어서도 오페라를 작곡했다고 합니다. 이미 최고의 작곡가로 인정받고 있는데, 왜 굳이 힘든 오페라 작곡을 계속하고 있는 겁니까? 라고 주변 사람이 물었습니다. 베르디는 "나는 완벽을 추구했다. 완벽은 언제나 나를 피해 도망갔다. 분명히 말해 나는 한 번 더 시도해 볼 의무가 있었다."라고 합니다. '완벽'이라는 것의 벽이 얼마나 높은지 실감케 하는 말이지요.

P_하나의 현장이 끝나면 성취감도 느끼지만 아쉬움이 더 큽니다.

그 아쉬움이 새로운 도전을 하게 만듭니다. 다음 현장은 더 철저히 준비해서 완벽하게 하려고 노력합니다. 건축의 완벽함에 계속 도전하는 것이 제가 하는 건축의 본질입니다.

K_현장 관리를 통해 시공의 생산성을 높이는데 주력해야 합니다. 그래도 관리의 한계가 있지 않습니까?

P_단지 열심히 하는 것만으로는 생산성을 높이기 어렵습니다. 열심히 보다는 현명하고 치밀하게 접근해야 시공의 생산성을 높일 수 있습니다. 더구나 모든 생산성 증가는 현장의 몫입니다. 현장 관리가 생산성과 직결됩니다. 현장관리자는 현장에서 연구하고 고민해야 합니다.

K_현장 관리의 한계나 소홀로 재시공이 발생될 때도 있지요. 많은 공정이 맞물려 돌아가고 많은 사람이 개별적으로 작업하기 때문입니다. 재시공은 공사기간이 늘어나고 상호 논쟁과 손해 배상 청구로도 이어집니다. 재시공을 한 경우는 없었습니까?

P_안타깝게도 있었습니다. 저의 의사와 상관없이 예상치 못한 곳에서 재시공이 발생되었습니다. 관리자가 현장을 비우면 문제가 발생됩니다. 2012년 사례를 들을 수 있습니다. 그 때는 사업을 정리할 시점이라 현장관리자도 없었고 혼자 모든 것을 관리했습니다. 대학원 진학을 위한 인터뷰 때문에 현장을 1시간 정도 비웠습니다. 작업자가 다음에 할 일을 제 지시도 받지 않고 미리 해버렸습니다. 작업자의 이해 부족으로 시공 오류가 발생했습니다. 작업을 다시 하고 비용도 200만 원 정도 들었습니다. 이것은 모두의 손해입니다.

창호 실리콘 작업의 재시공

현장을 잠깐 비운 사이 작업자의 이해 부족으로 손실과 재시공이 발생되었습니다. 하도급 업체에게 제가 없을 때는 작업하지 말라고 미리 부탁하고 대학에 갔는데, 그 사이를 못 참고 작업자가 일을 해 버렸습니다. 창호 부분에 실리콘 작업이 엉망이었습니다. 실리콘 작업 전에 테이핑 해서 수직을 맞추고 깨끗하게 실리콘을 주입해야 하는데 작업자는 그렇게 하지 않았습니다. 품질이 좋지 않았습니다. 실리콘 작업은 2시간 정도면 끝나는 작업이었습니다.

작업된 실리콘을 모두 걷어 내고 다시 작업했습니다. 페인트칠이 된 벽에도 흠이 생겨 새롭게 칠을 해야 했으며 타 공정에도 영향을 미쳤습니다. 2명이 3일을 작업했으며 공사기간은 10일 정도 늦어졌습니다. 막대한 손해가 발생되었고 일한 업체도 손해를 보았습니다. 손해는 상호 나누어 분담했으며 200만 원 정도의 비용이 발생되었습니다.

작업자는 현장관리자가 지시하지 않은 일은 하지 말아야 합니다. 독자적으로 판단해서는 안 됩니다. 조금만 안이하게 생각해도 큰 문제가 생기고 비용이 낭비됩니다. 관리자가 현장을 떠나면 안 되는 이유입니다.

K_재시공은 시간과 비용, 감정을 낭비시키고 모두의 마음도 불편하게 만듭니다. 재시공으로 인해 발생된 비용이나 문제에 대해 사전에 책임 소재를 분명히 해야 할 것 같군요.

P_그렇습니다. 현장관리자의 작업 지시를 어겼을 경우나 작업자의 실

수로 재시공이 발생되었다면 책임을 물어야 합니다. 비용도 부담시켜야 재발(再發)을 방지할 수 있습니다. 즉 재시공 및 부실시공을 방지하기 위해 원인 제공자의 책임 소지를 분명히 해야 합니다.

K_재시공은 모두에게 기분 좋은 일이 아닙니다. 재시공비가 원가에 차지하는 비율은 공사비의 5% 정도이니까, 재시공을 사전에 예방하지 못하면 공사비가 낭비되어 이윤이 적어지는 건 당연하죠. 건축의 품질도 나빠지고 공사기간에도 영향을 미치지요.

P_아주 중요한 사항입니다. 시공은 시간과의 싸움이며 이익은 시간과 밀접하게 관계됩니다. 제가 현장을 지키는 것은 의사결정을 바로바로 하기 위한 것이며, 위기 상황에 빠르게 대처하기 위한 것입니다. 재시공을 방지하여 이윤도 남겨야 합니다. 현장관리자가 현장을 비울 수 없는 이유입니다.

K_현장에서 모든 것을 관리하기는 쉽지 않습니다. 하지만 현장관리자의 관리 능력에 따라 공정이 원만히 진행되고 품질이 결정됩니다. 공정 관리를 제대로 하면 품질 관리, 원가 관리, 인력 관리, 자재 관리 등이 동시에 이루어집니다. 시계의 톱니바퀴처럼 한 치의 오차도 없이 모든 것이 유기적으로 돌아가야 하지요?

P_맞습니다. 공정 관리 및 공정조정만 잘 되어도 하도급 업체는 일하기 쉽습니다. 시간 단축도 가능합니다. 현장에서 발생될 수 있는 오류, 하자, 재시공을 줄일 수 있습니다. 현장관리자의 역할이 무엇보다 중요합니다.

K_작업자의 판단 착오나 이해 부족, 실수를 줄이는 노력이 필요합

니다. 현장관리자의 철저한 관리를 통해 비용과 시간을 절약하는 것이 가능하다는 말씀이군요.

P_시공 오류는 시간이 지나면 수정하기 어렵습니다. 타이밍을 놓치면 곤란하므로 작업자가 실수하기 전에 바로잡아야 합니다. 시간이 절약되면 비용은 자동적으로 절감됩니다. 시공자는 설계 변경이나 추가를 통해 비용을 발생시키지 말고, 현장 관리를 통해 비용을 절감해야 합니다.

K_품질 관리에 있어 현장관리자의 역할이 정말 중요합니다. 하지만 작업자도 그 분야에서 전문가라 볼 수 있는데 맡겨도 되지 않습니까?

P_현장관리자는 현장기술자, 작업자, 근로자의 말만 믿어서는 안 됩니다. 그들은 본인이 알고 있는 내용과 방식대로만 일하기 때문입니다. 작업자가 알아서 해 줄 것이라고 생각하는 것은 큰 오산입니다. 그들은 시키는 대로 시킨 만큼만 하는 습성이 있습니다. 작업을 지시하고 그 과정을 체크하여 오류가 생기지 않도록 해야 합니다. 관리자가 하나의 현장에 집중할 수 있도록 하는 것이 좋습니다. 물론 여건상 그것이 어려운 경우도 있습니다.

K_시공자가 바라는 것은 가장 좋은 품질의 집을 가장 싸게 짓는 것입니다. 어리석은 질문인지 모르지만 저렴한 공사비로 좋은 집을 지을 수 있다고 생각하십니까?

P_얼마나 노력하느냐에 달려 있습니다. 어려움이 있겠지요? 하지만 건축주와 설계자, 시공자의 협의를 통해 어떻게 지을 것인가 고민하고 방법을 연구하면 가능합니다. 저렴하게 지을 수 있습니다.

K_건축의 품질을 높이는 것이 현장 관리로만 가능한 것입니까? 부가적인 요소가 필요하지 않습니까?

P_공사(시공)의 질은 누가 일을 했느냐에 따라 천차만별이고 어떻게 지도, 관리하느냐에 따라 달라집니다. 얼마나 노력하느냐에 달려 있다고 봅니다. 많은 시간과 노력을 통한 관리가 필요합니다. 최선을 다하면 목표를 달성할 수 있습니다.

K_수많은 공정에 관련된 직접적인 일은 하도급 업체에서 합니다. 현장관리자는 이들과 긴밀하게 협의하여 합리적인 방안으로 진행해야 합니다.

P_공사의 질은 하도급 업체에 소속된 기술자의 지시로 일 하는 근로자의 능력에 좌우됩니다. 그러므로 일 잘하는 업체와 함께 하는 것도 중요합니다.

하도급 관리는 신뢰가 답이다

상생의 정신과 연대로 함께하기

K_시공자(원청업체, 원청사)는 자신이 관리하는 하도급 업체의 작업 수행 능력을 정확히 파악해야 할 것입니다. 무엇을 어떻게 도와주어야 능률적인 현장이 될 것인가에 관심을 가져야 합니다. 건축 현장에서 하도급 업체(협력업체, 외주업체)의 역할과 관계가 매우 중요하기 때문입니다. 하도급 업체를 관리하는 특별한 방법이 있습니까?

P_맞습니다. 하도급 업체를 도와주는 것이 좋은 방법이 아닐까요? 그들을 도와주면 좋은 품질이 나올 수 있습니다. 하도급 업체가 일을 잘 할 수 있도록 신경 써야 합니다. 하도급 업체가 하는 일을 관리하는 것이 품질 관리입니다.

K_우수한 하도급 업체와 기능 인력의 확보 방법은 무엇입니까? 직영체제로 운영하지 않습니까?

P_직영체제로 운영하지 않습니다. 별도의 방법은 없습니다. 공사비 결제 약속을 지키는 것이 가장 좋은 방법이라 생각합니다. 어음을 사용하지 않고 현금으로 결제해 줍니다. 하도급 업체와 신뢰를 쌓는 것이 필요합니다.

K_결국 자금 결제와 신뢰가 중요하다는 말씀입니까? 깨끗한 자금 결제로 상호 신뢰를 쌓고, 합리적인 공정 관리를 통해 업체의 부담을 들어 주는 것이 중요하군요.

P_좋은 품질은 하도급 업체의 능력에 달려 있습니다. 공정의 마무리를 한 번에 지어야 합니다. 재시공은 철거 비용을 발생시키고 공사비는 2배 이상 지출됩니다. 재시공을 방지하면 공사비의 3~5% 정도를 절감할 수 있습니다. 잘못된 공정을 다시 하게 되면 서로가 피해를 봅니다. 하도급 업체가 최단시간에 주어진 공정을 마무리 할 수 있도록 공정을 관리해야 합니다.

K_요즘 사회적으로 갑을(甲乙) 문화, 갑을 관계에 대한 것이 사회적 문제와 이슈로 대두되고 있습니다. 소위 '갑질'이라 일컫는 강자의 폭력은 비단 계약서상의 갑을뿐만 아니라, 사회 전반에서 작동하는 뿌리 깊은 힘의 논리에서 빈번하게 나타납니다. 건축 분야에도 여전히 존재합니다. 갑의 횡포가 심하며 관행처럼 이루어지고 있습니다. 생산적이고 좋은 건축을 하기 위해서는 갑을 상생(相生)의 문화가 필요하고, 좋지 못한 갑을문화는 없어져야 하겠지요?

P_그렇습니다. 갑을문화는 좋지 못한 것입니다. 특히 건축 분야에서 먼저 없어져야 하며 모두의 의식 전환이 필요합니다. 누구나 을의 입장에 처할지도 모릅니다. 원도급자도 건축주(발주자)에게는 을이 될 수 있습니다. 우리가 살아가는 공동체에는 절대 갑과 절대 을이 존재하지 않습니다. 하도급 업체를 동등하게 대우해야 하며 피해를 주어서는 안 됩니다. 같은 목적을 추구하는 사람들끼리는 동정심을 가져야 합니다. 남을 힘들게 해서는 좋은 건축을 할 수 없습니다.

갑의 횡포

최근 1년간 불공정거래를 경험한 중소기업 비율 단위: %, 자료: 중소기업청

*대기업 1차 협력업체 902곳 설문 결과

업종	비율
통신	44.4
정보	30.6
전기·전자	25.9
조선	23.0
유통	22.6
건설	22.3
화학·금속·비금속	22.0
기계	21.9
자동차	19.6

갑의 횡포가 새삼 주목받으면서 숨죽여왔던 을들의 하소연이 봇물처럼 터져 나왔다. 물량 밀어내기와 불공정 약관의 부당함을 호소한 편의점업계와 화장품업계, 패션업계, 건설업계, 대형 유통업체 협력사 등의 증언이 잇따랐다.

힘없는 대리점이나 납품업체를 쥐어짜 본사의 이익을 극대화하는 대기업들의 손쉬운 영업 전략이 집중포화를 맞았다. 당장 밥줄을 걱정해 아무 말도 꺼내지 못하던 을들의 반란이 본격화됐고, 대형 유통업체 갑과 맞서기 위해 앙숙이던 슈퍼마켓 연합과 편의점 연합이 손을 잡는 진풍경이 펼쳐지기도 했다.

경제민주화 이슈와 맞물려 정치권의 호응을 받자 갑들은 줄줄이 고개를 숙였다. 기업마다 앞 다퉈 상생협력기구를 만들었고, 너나 할 것 없이 거래 계약서에서 갑과 을이라는 명칭을 없애기도 했다.

〈경향신문〉, 2013.12.20

K_건축 문화의 바른 질서를 실현하기 위해 공정(Fairness)의 원리와 연대(Solidarity)의 원리를 상호 보완적으로 결합하는 전략이 필요합니다. 연대는 동일한 가치관과 목표를 가진 누군가와 손잡는

것이며, 기쁨과 슬픔, 환희와 고통에 대한 공감하면서 서로 돕는 것입니다.

P_서로 연결된 공생관계가 되어야 하며 상생협력의 길로 가야 합니다. 불공정한 행태는 신뢰를 파괴할 수 있습니다.

K_새 정부의 출범으로 '경제 민주화'가 하나의 중요한 사회적 이슈입니다. 건축 민주화, 민주적인 건축문화도 절실한 것 아닙니까?

P_건축 민주화는 우리 건설업계 전반에 걸친 화두로서 절실한 문제입니다. 하지만 단순한 문제가 아닙니다. 사회적 과제로 만들고 풀어가야 합니다. 하루아침에 구조적 모순을 바꿀 수도 없습니다. 더 많은 고민과 노력이 뒷받침 되어야 합니다. 사회의 진화는 차츰차츰 이루어집니다.

K_맹자는 수오지심(羞惡之心)과 측은지심(惻隱之心)을 인간의 조건으로 꼽았습니다. 모든 인간관계에서 특히 측은지심의 마음이 필요한 것 같습니다. 측은지심은 사람을 긍휼히 여기는 마음이며, 연민, 동정심, 또는 타인의 고통과 불행에 공감하고 반응하는 것이라 합니다. 맹자는 "측은지심이 없으면 사람다운 사람이 아니다.(惻隱之心非人也)"라고 했습니다.

P_세상에 혼자 할 수 있는 일은 없습니다. 하도급 업체와의 가치 사슬(Value chain)과 동업자 정신이 필요합니다. 동업자 정신은 상생(相生)의 정신입니다. 그래야 상호 윈-윈(Win-win) 할 수 있습니다.

K_개인이 이겨 살아남으려면 다른 사람을 이기는 능력뿐만 아니라, 타인과 쉽게 공감을 이루어 협력할 수 있는 능력이 필요합니다. 타

인의 기쁨뿐만 아니라 슬픔, 아픔에도 공감할 수 있어야 하지요?

P_인지상정(人之常情), 역지사지(易地思之)의 정신으로 타인, 이웃을 존중하고 배려하는 자세가 필요합니다. 다른 사람을 다치게 하면 자신도 무너지게 됩니다. 서로가 잘 될 수 있는 방법을 찾아야 합니다. 사람은 혼자 살 수 없는 존재입니다.

K_안산대학교 양용기 교수는 "건축은 여러 사람이 같이 하는 훌륭한 스포츠와 같다."고 했습니다. 건축은 각 공정에 종사하는 사람들이 각자 맡은 분야에서 자기 몫을 다할 때, 좋은 건축물을 만들어 낼 수 있다는 것을 스포츠에 적절히 비유한 것 같습니다.

P_적절한 표현입니다. 좋은 건축을 하기 위해서는 하나의 팀처럼 가야하며 팀플레이가 필요합니다. 하지만 팀워크가 생기지 않는 것이 건축 현장의 현실입니다. 타인, 타 공정에 대한 배려가 부족합니다.

K_전체 조직이 한 팀처럼 움직여야 좋은 건축이라는 목표를 달성할 수 있습니다. 관심과 애정으로 모두의 이익을 위해 도와주고 서로를 이끌어 주어야 합니다. 후속 공정에 방해되지 않도록 하는 것이 중요하겠지요?

P_현장관리자는 하도급 업체 간 협력체계를 강화해야 합니다. 선후 공정의 협조체계를 강화하여 작업 중단 없이 원활하게 되도록 해야 합니다. 현장 근로자는 자기가 맡은 공정을 마치고, 보수만 챙겨서 집에 가면 그 뿐이라는 행태가 일반적입니다. 다음 작업자를 배려하지 않고 편의는 생각하지 않습니다. 타 공정이나 후속 작업자를 존중해야 좋은 품질을 얻을 수 있습니다.

K_흔히 말하는 남을 위한 배려가 현장에서는 잘 지켜지지 않습니다. 타 공정에 대한 배려 부족과 시공 부주의로 재시공이 발생되고, 이로 인해 비용과 시간, 에너지가 소요됩니다. 동반자 정신이 부족합니다. 후속 공정을 배려하지 않거나 선행하여 작업된 공정에 해를 끼치면 좋은 품질의 결과를 얻을 수 없을 텐데요.

P_개선되어야 합니다. 시간과 노력, 비용을 낭비하는 행태입니다. 자신의 이익만을 생각하기보다 인간으로서의 올바른 마음가짐, 타인에 대한 따뜻한 배려가 우선되어야 합니다. 후속 작업자는 주의해야 하며 현장관리자는 부주의로 인한 재시공이 발생되지 않도록 관리해야 합니다.

일 잘하는 업체가 품질을 높인다

K_좋은 건축이라는 같은 목표를 추구하여 그 성과를 내기 위해서는 협동정신이 필요합니다. 일 잘하는 하도급 업체와는 같이 일하는 것이 중요하지요?

P_물론입니다. 일 잘하는 하도급 업체와는 지속적으로 같이 해야 하며, 그런 업체를 놓쳐서도 안 됩니다. 단가(공사비)를 높게 지급하더라도 건축 품질을 위해 같이 하는 것이 좋습니다.

K_흔히들 하도급 업체를 통제할 수 있는 유일한 수단은 돈(공사비)이며, 따라서 돈을 최대한 늦게 주는 것이 좋다고 합니다. 그래서 주어야 할 돈을 주지 않거나 일부러 늦게 주기도 합니다. 돈으로

컨트롤해야 한다는 뜻이겠지요?

P_타인의 입장에서 생각해야 하며 그렇게 하지 말아야 합니다. 하도급 업체와의 신뢰가 깨어질 수 있습니다. 일을 시키는 사람, 하는 사람 모두 기존의 틀, 고정관념에서 벗어나야 합니다. 하도급 업체도 품질, 공정에 대한 약속을 지켜야 합니다. 그 약속을 지키면 결제도 깨끗하게 해 주어야 합니다. 그것이 상생의 논리입니다.

K_하도급 업체의 나쁜 관행과 행태가 우선적으로 개선되어야 하지 않을까요? 적당주의와 무책임 시공으로 품질 수준을 확보할 수 없겠죠.

P_그런 업체라면 같이 할 이유도 자격도 없습니다. 단호하게 거부합니다. 적당주의와 무책임 시공이 건축의 부실, 하자로 이어집니다. 저는 적당주의와 대충하는 것을 제일 싫어합니다. 건축 현장에서 적당주의는 절대로 통용되지 않는 말입니다. 일을 적당히 하는 업체와는 같이 할 수 없습니다.

하자 관리로 고정 고객을 만들어라

하자 없는 건축이 좋은 것이다

K_건축의 세 주인공은 건축주, 사용자, 건축가입니다. 좋은 건축은 보는 눈이 즐겁고 마음이 상쾌해지고, 좋은 공간은 기쁨을 주고 행복을 느끼게 합니다. 여기에 중요한 것 하나를 더하면, 하자가 없어 사용자가 유지관리에 편리한 것이 좋은 건축의 요건이지요.

P_누구나 바라는 좋은 건축입니다. 20년간 추구한 것이 좋은 건축이었습니다. 외관상 보기에는 좋지만 살기 불편하고 관리비가 많이 드는 집은 나쁜 건축입니다. 하자 없는 완벽한 건축에 도전해야 합니다. 하자는 남의 재산에 해를 입히는 것입니다. 생활의 불편함을 주는 요소입니다. 하자로 인해 건축주와 시공자가 평생 원수처럼 살아야 할지도 모릅니다.

K_하자는 건축의 질을 저하시키는 요소입니다. 그럼에도 불구하고 하자 없는 건축물은 없는 것 같습니다. 특히 언론매체를 보면 공공건축물이 더 심합니다. 공공건축의 부실은 어제 오늘의 일이 아니고 정도도 심각한 실정입니다.

P_부끄러운 현실입니다. 우스갯소리로 "하자가 없는 건축물이 하자다."라는 말도 있습니다. 그 정도로 하자가 만연합니다.

K_최근엔 숭례문 부실 복구 논란이 언론에 등장하고 있습니다. 국민적 지탄이 쏟아지고 자조적인 한탄의 소리도 큽니다. 국가의 문화재 재건에서 부실이 드러난다는 것은 정말 한심한 일 아닙니까?

P_매우 안타까운 일로서 건축인은 뼈아프게 자성해야 합니다. 국가적인 문화재 복구 후 얼마 되지 않은 시점에서 부실이 들어났다면 큰 문제라 할 수 있습니다. 기술적인 오류인지 관리 부실인지 정확히 밝혀내어 앞으로 이런 일이 없도록 해야 합니다.

K_어떤 사람은 건축가 르 꼬르뷔지에(Le Corbusier)를 건축의 신이라고 합니다. 건축을 공부하는 이들은 그의 건축 언어와 작품의 조형미에 열광합니다. 하지만 그의 작품에도 물이 샌다는 사실을 알고 있는 사람은 많지 않습니다. 프랑스 작가 알랭 드 보통(Alain de Botton)의 '행복한 건축'이라는 책을 보면 '빌라 사보아'의 복도, 욕실에 물이 새는 하자가 있다고 합니다. 세계적인 건축가가 설계한 건축물에도 물이 새는 하자가 있다고 하니 놀랍지 않습니까? 물론 오래되고 노후화된 건물은 물이 샐 수 있겠지만요.

P_하자는 사용 중에도 발생됩니다. 사용연한이 경과하면 하자가 발생되는 것이 일반적입니다. 하지만 시공자는 시공과정에서 단 하나의 하자도 발생되지 않도록 품질 관리를 철저히 해야 합니다. 정말 지독하게 관리해야 하자를 줄일 수 있습니다. 시공자의 명예, 자존심, 이름 등 모든 것을 걸어야 합니다. 건축주에게 믿음을 주는 제일 좋은 방법은 하자를 없애는 것입니다.

빌라 사보아(푸아시, 1931년)

르 꼬르뷔지에는 집의 기능을 첫째, 더위, 추위, 비, 도둑, 호기심 많은 사람들로부터 지켜주는 피난처, 둘째, 빛과 태양을 받아들이는 그릇, 셋째, 조리, 일, 개인생활에 적합한 몇 개의 작은 방이라 하였습니다.

사보아 부부가 반대 했음에도 불구하고 르 꼬르뷔지에는 평평한 지붕이 물매가 있는 지붕보다 더 좋다고 고집하였습니다. 그는 평평한 지붕이 건축비도 싸게 먹히고, 관리도 용이하고, 여름에도 시원하다고 건축주를 설득하였습니다.

사보아 부인의 편지에는 평평한 지붕에 대한 감정이 담겨 있었다고 합니다. '복도에도 비가 새고, 경사로에도 비가 새고, 차고 벽은 완전히 젖었어요. 그뿐만 아니라 욕실에도 여전히 비가 새, 날씨가 나쁜 날에는 물이 흘러넘쳐요, 천정으로 물이 흘러들기 때문이죠.'

르 꼬르뷔지에는 수리에 대한 약속을 하였지만, 사보아 부인은 당신이 책임져야 할 문제이며, 청구서대로 돈을 지불할 의사가 없다고 하였습니다. 오히려 법적인 행동에 의지하는 일이 생기지 않기를 바란다고도 하였습니다.

〈행복의 건축〉, 알랭 드 보통

르 꼬르뷔지에가 1929년에 파리 근교의 푸시아(possiy)에 지은 빌라 사보아라는 놀라운 작품도 건축가와 사보아 부인 사이에 말다툼이 있었다. 사보아 부인은 그 집을 '살 수 없는 집'이라고 여겼다. 그렇지만 그녀는 그곳에서 10년 넘게 살았다. 그녀가 편안해 하지 않은 것도 충분히 이해된다.

〈건축은 왜 중요한가〉, 폴 골드버거

■ 빌라 사보아

르 꼬르뷔지에의 근대건축 5원칙(필로티, 옥상 정원, 자유로운 평면, 자유로운 파사드, 연속적인 수평창)이 가장 충실히 적용된 건물이다.

K_르 꼬르뷔지에가 설계한 아름다운 집도 정작 사람이 살기 힘든 기계가 될 수 있습니다. 하자는 삶의 지속성과 편리함을 방해하는 요소입니다.

P_집이 하나의 기계라면 하자는 고장이 난 것입니다. 고장이 난 기계는 고쳐야 하거나 바꾸어야 합니다. 집(건축)은 아주 비싼 기계라 할 수 있습니다.

하자 개선이 곧 영업 활동이다

K_아파트 생활에 익숙한 사람들은 아주 작은 하자도 시공자가 수리, 보상 해주길 바랍니다. 집도 하나의 완성된 제품이라고 여기는 경향이 보편화되어 있습니다. 공사 완료 이후에 발생하는 하자는 어떻게 처리하십니까?

P_건축물을 하나의 제품이나 상품으로 볼 수 있으므로 하자가 없도록 최선을 다해야 합니다. 하자가 발생되면 건축 영업이 되지 않습니다. 하자를 발생시키지 말아야 하며 하자가 발생되면 신속히 보수해 주는 것이 중요합니다.

K_하자는 유형도 다양하며 작업 중에도 발생됩니다. 건축주와의 신뢰에 심각한 영향을 주어 다툼이나 갈등의 요인이 되기도 합니다. 이 갈등을 어떻게 풀어가야 할까요?

P_시공자는 하자를 보면 어느 정도 원인을 파악할 수 있습니다. 계약서 내용에 하자 기간과 범위가 있습니다. 그것을 확인해야 합니다. 사용자의 부주의로 발생되는 하자는 건축주와 논의하여 처리해야 하는 것이 좋습니다.

K_유지, 보수에 관한 계약은 어떻게 하십니까? 하자의 범위는 어떻게 설정하십니까?

P_하자의 범위는 일반적인 계약 내용과 같습니다. 이제까지 제가 지은 건물 중에 심각한 하자는 없었습니다. 하자로 인해 문제가 된 경우도 없었습니다.

K_대단하시네요. 일반적인 시공자는 믿지 못하겠는데요. 하자로 인한 분쟁이 증가하는 추세이지만 사장님은 하자로 인한 분쟁이나 법적 다툼은 없었습니까?

P_전혀 없었습니다. 대부분의 건축 분쟁은 시공자 잘못으로 발생된 하자로 인한 것입니다. 시공자는 주의해야 합니다. 심각한 하자가 발생되면 실패한 현장이 될지도 모릅니다.

아파트 하자 분쟁, 2년 새 10배 폭증

국회 국토교통위원회 소속 새누리당 이명수 의원은 국토교통부 국정감사와 관련해 공동주택 하자분쟁 증가에 따른 대책마련을 촉구하였다.

이 의원은 "국토부로부터 제출받은 자료를 보면 하자심사 분쟁조정위원회에 접수되는 아파트 하자분쟁사건이 2010년 69건에서 2012년 836건으로 10배 이상 증가했다"며 "지역별로는 경기도가 전국에서 47.7%를 차지해 가장 많은 분쟁이 접수되었고, 인천 15.9%, 서울 9,8% 등 수도권 아파트에 집중돼 있다"고 밝혔다.

그는 "하자분쟁의 발생의 원인으로는 설계하자, 시공하자, 사업주체의 하자보수지연 또는 보수 거부 등으로 나타났다"며 "2010년부터 2013년 7월까지 총 1,906건의 신청사건 중 63.3%인 1,206건이 하자판정을 받았다."며 아파트 하자에 대한 상세한 분석결과를 언급했다.

또한 "아파트 하자분쟁건수가 급속하게 증가하게 된 것은 입주자의 권리 찾기 인식이 증대했다. 사업주체가 부실공사 또는 하자보수회피, 금전배상을 거부한 것이 주원인이었다. 그러나 때로는 입주자의 과도한 하자보수요구도 분쟁원인으로 작용하고 있다"며 "사업주체의 하자거부와 입주자의 과도한 요구 등을 방지하기 위한 객관적이고 공정한 '하자판정기준'을 제시하여 불필요한 분쟁을 방지하도록 해야 한다."고 대책마련을 촉구했다.

〈세계일보〉, 2013.10.11

K_하자의 문제는 곧 책임의 문제로 이어지죠. 재시공과 마찬가지로 시간과 비용, 에너지가 낭비되고 모두에게 많은 손해를 끼칩니다. 미장·타일공사 1년, 설비공사는 2년, 방수는 3년, 구조체는 5년으로 건설산업기본법 시행령에서 하자기간을 명기하고 있습니다. 이것은 하자이행증권 발행 시 공정별 하자이행 기간입니다. 하자기간은 어떻게 설정하십니까?

P_하자기간도 일반적인 경우와 같습니다. 하지만 저에게는 별도의 하자기간이 없습니다. 하자기간을 정해두지 않고 무한정 보수해 줍니다. 시공자의 잘못으로 발생된 하자라면 언제든지 보수해 줄 용의가 있습니다. 하자기간을 기존의 2배 이상으로 늘려야 한다고 생각합니다.

K_하자 보증기간에 상관없이 무한정 보수해 준다는 것이 현실적으로 가능합니까?

P_가능합니다. 제가 20년간 해온 건축이 증명합니다. 하자로 인해 문제된 적 없습니다. 하자 발생은 건축시공의 원칙을 상실했기 때문입니다. 하자를 발생시키는 것은 매우 어리석은 행동입니다.

K_하자나 부실공사가 없어야 한다는 의견에 전적으로 동의합니다. 하지만 하자 보증기간을 늘리면 결국 시공회사(시공자)의 부담으로 돌아옵니다. 시공자는 반대할 것입니다. 하자기간을 늘리면 소비자(건축주)는 좋아하겠지만 시공자는 더 어려워질 수 있습니다. 사장님의 의견에 동의하는 시공자가 있을까요? 하자기간을 연장하면 부작용이 더 크지 않을까요?

P_정직하게 원칙대로 하면 하자 걱정이 없습니다. 시공 잘못으로

인해 발생되는 하자가 가장 많습니다. 하자 보증기간을 늘리는 것이 하자에 대한 경각심을 높이고, 하자를 줄일 수 있는 방법입니다. 하자에 대한 무한 책임감을 느끼도록 해야 하자를 줄일 수 있습니다. 그렇게 하지 않으면 개선되지 않을 것입니다.

K_그렇더라도 하자기간을 늘리는 것은 사회적인 논의가 필요한 사항으로 보입니다. 하자 보수에 대한 한계가 있지 않습니까? 하자의 원인이 명확하지 않는 것도 있습니다.

P_하자를 보면 원인을 알 수 있습니다. 누수, 자재 결함도 하자이며 하자의 범위에 들어갑니다. 저는 하자가 없도록 노력했습니다. 심각한 하자로 인해 불만을 이야기 하는 건축주를 보지 못했습니다. 별도의 하자기간에 얽매이지 않습니다. 사용 중에 발생된 하자라도 개선하고자 노력하며, 시공 잘못으로 인한 하자라면 언제든지 보수해 줄 용의가 있습니다.

K_저는 사장님이 하자 없는 건축을 위해 누구보다 노력해 온 것을 알고 있습니다. 하자 문제에 올인(All in) 하셨습니다. 하지만 지으신 건축물 중에 하자가 전혀 없다고 할 수 있습니까?

P_완벽을 추구해도 아주 작은 하자는 있습니다. 모르는 부분에서 하자가 발생되기도 합니다. 100% 완벽한 시공은 있을 수 없습니다. 하자가 없도록 최선을 다하는 것이 무엇보다 중요합니다. 하자로 오해할 수 있는 사항도 있습니다. 하지만 자재나 비용이 들어가는 하자는 없으며 문제가 될 수 있는 하자는 없습니다. 지속적으로 관리하기 때문에 문제되지 않습니다.

K_완벽한 시공 후에도 하자는 발생될 수 있군요. 그럼 하자로 오해할 수 있는 것은 무엇입니까?

P_천정의 미세한 균열, 몰딩이나 걸레받이의 변형, 목재의 송진 등을 예로 들 수 있습니다. 하지만 이러한 사항은 시공 후 건축주에게 변형 종류나 내용, 현상에 대해 사전에 자세히 설명합니다. 그렇지 않으면 건축주가 하자로 오해할 수 있고 논란의 소지가 될 수 있습니다. 재료 변형이나 균열이 발생되었다면 일정기간 후 모든 것을 보완 시공합니다. 깨끗하게 마무리하여 논란꺼리를 없앱니다. 저는 발생 가능한 하자, 하자로 오해할 수 있는 사항, 문제될 수 있는 것에 대해 건물의 사용 설명을 할 때 사용자에게 알려줍니다.

K_사전에 설명해서 하자로 오해할 수 있는 사항까지 알려주시는군요. 보통의 시공자는 하기 어려운 행동일 것 같은데요. 사장님의 솔직한 설명과 행동이 건축주에게 신뢰감을 줄 수 있겠습니다.

P_필요한 절차입니다. 숨기고 속이고 할 사항이 아닙니다. 제가 작업한 공정의 사진도 모두 건축주에게 줍니다. 투명하게 공개합니다. 시공자는 하자를 철저히 없애야 하며 하자 관리도 소홀히 해서는 안 됩니다.

K_철저한 하자 관리와 고객 만족을 제일로 생각하시는 것 같습니다. 참 좋은 시공자의 모습입니다.

P_경미한 하자라도 발 빠르게 대처해야 합니다. 건축주로부터 하자에 대한 이야기가 나오면 성실 시공에 대한 신뢰가 여지없이 무너집니다. 품질에 대한 믿음이 작아집니다. 미리 점검하고 하자

를 보완해야 합니다. 하자를 관리하는 것이 품질을 높이는 것입니다. 여름철 비 온 후에도 다시 점검하고 매년 정기적으로 확인합니다.

K_역시 남다르시군요. 사장님처럼 하시면 하자가 생길 수 없겠습니다. 조그만 실수도 허용하지 않겠다는 의지가 보이네요. 하자도 건축주와 약속한 사항이므로 시공자가 분명한 책임을 지는 거겠지요?

P_저는 별도의 건축 영업 활동을 하지 않는다고 했습니다. 그러고 보니 제가 지은 집을 점검하고 보수해 주는 것이 유일한 영업 활동이군요. 짓고 난 후에도 서비스를 해 줍니다. 이와 같은 행동으로 인해 건축주에게 인정을 받습니다. 고정 고객이 되는 것입니다.

K_건축하는 사람이면 다 아는 이치이지만 실천하기 어렵습니다. 안다고 다 실천할 수 있는 것도 아닙니다. 하자 관리가 곧 영업 활동이 되는 것이군요. 책임 있는 행동이 좋은 영업 효과로 되돌아오는 것이죠?

P_그렇습니다. 평소에도 제가 지은 건축물을 둘러봅니다. 맨홀이나 침전조를 확인하며, 그래도 이상이 없으면 잔디밭의 풀이라도 뽑아 주어야 마음이 편합니다.

K_건축가 안도 다다오도 사장님의 경우와 비슷합니다. 저는 이 사실을 알고 깜짝 놀랐습니다. 역시 "성공하는 사람에게는 공통점이 있구나!" 라고 느꼈습니다. 사장이 직원과 함께 하자 개선에 노력한다면 실수를 반복하지 않을 뿐 아니라 기술 축적도 자연스

럽게 이루어집니다. 남다른 노력의 성과는 수주로 연결됩니다. 하자관리는 의뢰받은 일에 대한 책임을 다하고 약속 실천을 행동으로 보여주는 것입니다.

P_수주는 힘들이지 않아도 되는 것입니다. 건축주 입장에선 좋아하지 않을 수 없습니다. 도와주고 싶은 마음이 저절로 생깁니다.

하자관리가 건축 영업으로 이어지다.

내가 지은 건물은 내 것이라고 말할 정도로 애착이 강했기 때문에 완공 이후의 유지 보수에는 책임을 다했다. 휴일 등을 이용하여 스태프 전원을 데리고 한 집 한 집 돌아보면서 불편한 곳을 발견하면 즉시 대안을 생각했다. 완공 이후의 그런 방문 수리를 상대가 미안해 할 만큼 성실하고 끈기 있게 계속했다. 이것은 준공 후의 관리를 통하여 자신의 기술력을 향상시키고자 하는 의미고 있었지만, 건축주들은 "안도 씨는 고집스런 구석은 있어도 지어 놓고 나 몰라라 하지 않는 사람이다."라고 호의적으로 평가해 준 듯하다. 대담한 제안치고는 완공 이후 문제점이 거의 없었고, 그래서 오히려 증축을 의뢰받거나 새 건축주를 소개해 주는 등 다음 일감으로 연결되는 일도 종종 있었다.

〈나, 건축가 안도 다다오〉, 안도 다다오

K_하자관리에 드는 시간과 비용이 만만치 않을 텐데, 사장님처럼 하자 관리에 철저하신 건설회사 사장이 있을까요? 제가 보기엔 없거나 드물 것 같은데요.

P_많을지도 모릅니다. 저의 성격 때문에 하자에 대한 것은 그냥 지

나치지 않습니다. 자연스러운 행동입니다. 제가 지은 건물에 대한 애착이 있기 때문에 그렇게 합니다. 저는 집을 지으면서 경제적 이익을 얻었습니다. 고마운 일입니다. 그 집에 사는 사람은 하자 걱정 없이 살아야 합니다. 사장이 하자 관리에 전념하는 것도 특별한 영업 전략이 될 수 있습니다.

사장도 땀을 흘려야 한다

K_건설회사 사장이 왜 작은 일까지 하나에서부터 열까지 신경 써야 합니까? 사장은 수주에 전력을 기울이고 대외 활동에 전념해야 사업이 잘 되지 않을까요?

P_사장도 기술에 대한 지식으로 건축 품질을 관리해야 합니다. 내가 하지 않으면 아무도 하지 않는다고 생각하면 그것이 정답입니다. 사장이기 때문에 더욱 부지런히 일하고 땀을 흘려야 합니다. 몸을 움직이고 뇌를 움직여야 합니다.

K_다시 한 번 더 확인하고 싶습니다. 효율적으로 업무를 분담한다면 사장은 경영이나 수주에 전념해야 하고, 하자 관리는 현장관리자가 해야 할 사항이 아닌가요?

P_대부분 경영자는 수주에만 전력을 쏟으며 품질 향상이나 고객 만족에 소홀합니다. 경영에만 전념하면 된다고 생각할 수 있습니다. 하지만 하자는 건축의 비효율화를 초래하고 이해당사자간의 분쟁 씨앗이 되는 요소입니다. 남들처럼 해서는 안 됩니다. 저는 차별화를 강조했습니다. 사장이 하자 관리를 하면 좋은 일이 많

이 생깁니다. 하자 없는 좋은 집을 지으면 건축주와의 신뢰가 쌓입니다. 건축주와의 신뢰가 쌓이고 좋은 집을 지은 것이 소문나면 일의 의뢰는 많아집니다. 수주 걱정이 없고 건축 영업은 자동으로 되는 것입니다. 수주와 건축하기가 쉽습니다.

K_사장님과 같은 진심과 열정만 있다면 건축하기가 쉬울 것으로 여겨집니다. 하지만 이야기하신 것처럼 수주가 쉬울까요? 그런 방식으로 영업의 성과는 있었습니까?

P_저는 민간공사 위주로 사업했지만 일은 많았습니다. 진심은 통하게 되어 있으니까요? 건설업은 서비스업이라고 했습니다. 무조건 건축주에게 도움이 되는 서비스 내용을 찾아야 합니다. 식당(음식점)에 손님이 없다 그것은 식당에 문제가 있기 때문입니다. 손님을 탓할 수 없습니다. 고객이 문제가 아니라 식당이 문제라는 것입니다. 건축주에 대한 친절한 마음과 철저한 서비스 정신이 필요합니다.

건축 영업의 성과

'보령 웅천'의 작은 노력으로 큰 공사를 받은 적도 있습니다. 16년 전에 지었던 공장 건물 하자를 보수해 주어 새로운 일을 얻은 경우입니다. 서울에 갔다 내려오면서 보령에 들러 건물을 보니 몇 군데 하자가 있었습니다. 물론 하자는 시공과정에서 발생된 것이 아니라 사용 중에 부주의로 생겨난 것이었습니다. 코너, 디근 바, 패널 부분에 파손이 있어 그 때 작업했던 사람과 함께 적은 비용(약 4만원)을 들여 보수해 주었습니다.

이후 건축주가 이 사실을 알고 오히려 반문했습니다. 시공자의 잘못도 아닌 것을 돈을 들여 해 줄 것까지 있는가? 제가 지은 건물이니 좋은 마음으로 아무 대가를 바라지 않고 보수해 주었습니다. 기분도 좋았습니다. 훗날 감명 받은 건축주는 인근 지역의 공장, 공사비 17억 정도의 건물을 자진해서 맡겨 주셨습니다. 조금만 배려와 관심, 수고스러움이 새로운 수주로 연결된 것입니다. 이렇게 하는 것이 제대로 된 건축 영업이라 할 수 있습니다.

영업은 일을 얻기 위해 저녁을 접대하는 것이 아닙니다. 월급 안 주는 영업 사원을 만들어야 합니다. 즉 건축주를 활용하는 것입니다. 건축주를 만족시키면 영업이 자동적으로 이루어진다는 논리입니다. 건축은 서비스업이기 때문에 가능한 일입니다.

K_훌륭하신 태도와 말씀입니다. 건축인이라면 누구나 새겨들어야 할 내용입니다. 경희대 이동규 교수는 서비스를 '만족을 제조하는 기술이자 전략'이라 합니다. 또한 "음식을 파는 것이 아니라 가치를 팔고, 돈을 버는 것이 아니라 만족한 고객을 번다는 발상의 전환이 이루어져야 한다."고 합니다. 건축에 대한 생각과 건축주를 생각하는 사장님의 선한 마음이 느껴집니다.

P_하자는 중요한 사항입니다. 건축주를 만족시키지 못하면 새로운 일을 할 수 없습니다. 고객이 다시 찾아오게 해야 합니다.

K_사장님처럼 하자만 잘 관리해도 누구나 성공할 수 있겠네요. 하지만 흉내는 낼 수 있지만 그 누구도 사장님처럼 철저히 실천하지 못할 것 같습니다.

P_말처럼 쉽지 않습니다. 20년 세월을 다 이야기할 수 없습니다. 사실 김박사님과 나눈 이야기는 제가 한 건축의 단편적인 부분에 지나지 않습니다. 아주 작은 부분입니다. 그렇지만 건축의 기본과 원칙, 약속을 지키면 성공할 수 있습니다. 확신합니다.

K_약속이란 두 글자가 새로운 의미로 다가옵니다. 약속에는 많은 의미가 담겨 있군요.

P_약속은 그 사람의 시간, 땀, 노력, 마음이 담겨 있지요. 하자 없는 건축은 품질에 대한 약속을 지킨 것입니다.

깨끗한 자금 결제로 신뢰 쌓기

공사비 지불 약속은 지키십니까

K_자금 결제는 돈에 관한 약속입니다. 약속된 자금 결제, 즉 돈을 주고받는 것이 중요하죠? 사장님은 자금(공사비) 결제는 깨끗해야 한다고 강조하셨습니다. 하지만 흔히들 돈 때문에 갈등, 다툼, 불신이 생깁니다.

P_자금 결제는 깨끗해야 합니다. 돈으로 인한 어떠한 갈등도 없었습니다. 만약 제 말이 거짓이라면 제대로 사업 할 수 없었을 것입니다. 이미지도 좋지 못하고 나쁜 소문이 났을 것입니다.

K_사업에 있어 가용 자금과 자금 회전(Cash flow)이 중요하다고 들었습니다. 제가 건축 실무 할 때 돈을 총알이라고 표현했습니다. 자금 계획이 중요하지요?

P_자금이 중요합니다. 전쟁터는 아니지만 건설업은 그 만큼 치열한 경쟁입니다. 경쟁에서 살아남지 못하면 실패하는 것입니다. 합리적인 자금 계획이 필요합니다.

K_공사비는 계약 시 30%, 기초 완료시 30%, 내외자재 마감 또는 인테리어 완료시 30%, 입주 시 10%를 지불하는 것이 일반적입니다. 사장님은 공사비를 어떻게 받습니까?

P_공사비는 제가 생각하는 방식을 건축주에게 제안합니다. 주로 공사 시작 때 계약금 30%, 공정의 60~70%일 때 중도금 30%, 완료 때 잔금 30~40%를 받습니다. 공장과 같은 경우는 공정에 관계없이 철골공사가 끝나면 중도금을 받기도 합니다. 계약금을 받는 경우는 계약의 80% 정도입니다.

K_기업 활동은 경제적 이익이 목적이고 기업의 일차적 목표는 이윤추구입니다. 시공자의 건축행위도 마찬가지 목적이죠. 계약금을 받지 않는 경우도 있습니까?

P_네, 있습니다. 건축주를 잘 아는 경우는 계약금을 받지 않습니다. 20%정도에 해당됩니다. 계약금을 받지 않고 바로 일을 시작합니다. 하지만 잘 아는 사이라도 계약관계는 확실히 해두는 것이 원칙입니다. 어떠한 일이 생길지 모르니 법적인 조치를 취해 두어야 합니다.

K_계약금을 받지 않는 것은 매사에 분명하시고 정확하신 사장님의 스타일이 아닌 것 같습니다. 계약금을 받지 않아도 문제되지 않았습니까?

P_건설업이 냉혹한 비즈니스이지만 아무런 문제가 없었습니다. 돈(공사비)으로 인한 문제는 전혀 없었습니다. 서로 신뢰했기 때문에 가능한 것입니다. 공사비를 받지 못할까 불안해 한 적도 없었습니다. 제 말을 믿지 않으시는군요.

K_계약금을 받지 않으면 어떻게 공사를 시작합니까? 계약금, 즉 착수금을 받아야 서로 구속력을 갖고 그것으로 인해 일이 시작되지 않습니까? 대부분 그렇게 시작합니다.

P_맞는 이야기입니다만 계약금 없이도 일을 시작합니다. 시공자는 건축주를 믿지 못하여 착수금 형태로 계약금을 요구합니다. 하지만 건축주도 시공자를 믿지 못 할 수 있습니다. 시공자가 계약금만 챙기고 도망갈 수 있고 약속을 지키지 않을 수 있습니다. 믿음은 서로 상대적인 것입니다. 제가 선택한 건축주를 신뢰하기 때문에 계약금을 요구하지 않습니다. 공사에 필요한 자금은 준비되어 있기 때문에 계약금이 꼭 필요한 것도 아닙니다. 서로의 신뢰감을 갖고 일을 시작하는 것이 중요합니다.

K_결국 신뢰의 문제이군요. 좋은 집을 지으려면 사실 공사비 지불 약속만큼 중요한 것은 없습니다. 민간공사에서는 돈 받는 것이 가장 어려운 일 중 하나라고 보는데, 공사대금을 받지 못하는 경우를 방지하기 위해서 어떤 조치가 필요합니까?

P_시공자 입장에서는 공사비 받는 것이 제일 중요합니다. 저는 결제나 돈 받기가 어려웠던 적 없습니다. 준공에 상관없이 공사만 끝나도 공사비를 받은 적도 있습니다. 건축주에게 돈 달라고 조르지 않습니다. 제가 하는 방식입니다만 공사비 지불에 대한 것은 건축주의 의견을 존중합니다. 건축주를 신뢰하기 때문입니다. 물론 건축주의 자금 상태를 미리 알아봐야 하고, 필요시에는 건축주 재산에 근저당을 설정해 두어야 합니다.

K_본인의 자금 상태에 대해 알아보는 것을 좋아할 건축주는 없을 것 같은데요. 그렇지 않습니까?

P_물론 좋아하지 않을 것입니다. 그래도 잘 모르는 사람이라면 반드시 알아봐야 합니다. 불쾌하게 해서는 안 됩니다. 요령이 필요하겠죠? 만약 제가 아는 건축주가 소개한 사람이라면 알아볼 필요도 없습니다. 아는 건축주가 그 사람에 대한 보증을 선 것이기 때문입니다.

K_사장님처럼 사업하시면 더 바랄 것이 없을 것 같습니다. 돈 못 받을 걱정 없고 일은 언제나 기다리고 있으니까요?

P_꼭 그렇지만은 않습니다. 사업에 큰 어려움이 없었지만 긴장의 연속이었습니다. 문제나 어려움이 항상 존재하지만 그것을 헤쳐 나가야 합니다. 언제 무슨 일이 생길지 모르는 것이 건설업입니다. 경영자는 모든 위험 요소를 인지하고 대비해야 합니다.

K_민간공사에서는 공사대금을 계약서대로 지불하지 않는 건축주도 있습니다. 그와 같은 경우는 없었습니까?

P_단 한 건도 공사비를 받지 못한 적 없습니다. 조금 기다려서 늦게 받은 적은 있습니다. 공사비를 받지 못하는 경우는 도면대로만 대충했거나, 공사기간을 맞추지 못했거나, 자금 독촉을 했을 것이라 생각합니다. 건축주를 힘들게 하거나 만족시키지 못한 결과입니다. 시공자가 어떻게 하느냐에 달려 있습니다.

K_그 동안 좋은 건축주만 만나신 것 같습니다. 실제로 민간공사에서는 공사비를 못 받는 경우가 허다합니다. 이것을 시공자의 잘

못이라 할 수 있습니까?

P_저는 그런 경우가 없습니다. 그 동안 제가 만난 건축주가 100명이 넘습니다만 한 분도 공사비를 안주신 분은 없습니다. 아주 까다로운 사람으로 소문나 일하기 힘들 것이라고 걱정하는 사람도 있습니다. 하지만 제가 만나 분들은 좋은 건축주라 할 수 있습니다. 그래서 제가 만났던 건축주를 위해 언젠가는 조촐한 식사 자리를 마련할 예정입니다.

K_정말입니까? 다행스럽고 대단한 일이군요. 대부분 공사가 끝나면 건축주와 시공자는 좋지 못한 사이가 됩니다. 시공 중에 서로의 불신이 쌓여 공사 후에는 다시 만나지 않더군요.

P_시공자는 건축주와의 약속을 지키기 위해 얼마나 노력하는지 점검해 봐야 합니다. 제 생각입니다만 공사비를 받지 못하거나 건축주와 좋지 못한 사이가 되는 것은 대부분 시공자의 탓입니다. 건축주에게 신뢰감을 주지 못한 것입니다. 시공자는 시공 전이나 시공 중에 건축주에게 성실함을 보여주고 믿음과 신뢰감이 쌓이도록 해야 합니다. 건축주는 고객이기 때문입니다.

K_사장님은 예외지만 적절한 대가를 받지 못하는 시공자가 많습니다. 공사비를 제대로 받을 수 있는 보증제도와 같은 것이 필요하다고 생각합니다. 어떻게 생각하십니까?

P_현실적으로 공사비를 받지 못한 경우가 많다고 들었습니다. 시공자가 대비책을 세워 두어야 합니다. 제도가 전부는 아니지만 제도적인 장치가 마련되어야 불합리한 점은 개선될 수 있습니다.

민간 건설공사 공사비도 발주자가 지급보증

민간 건설공사 현장에서 도급자가 일방적으로 공사비를 받지 못해 피해를 보는 일이 앞으로는 줄어들게 될 전망이다. 발주자가 공사비를 주지 않으면 손해배상 없이 계약을 해지할 수 있는 길이 열리고, 표준계약서 사용도 적극 권장된다. 국회 국토해양위원회 소속 새누리당 이이재 의원은 지난 5일 국토해양부 국정감사에 지적한 민간 건설공사의 불공정 계약 문제를 해결하기 위해 이달 중 건설산업기본법 개정안을 발의할 예정이라고 22일 밝혔다.

이 의원은 개정안에서 민간 발주자가 공사대금을 지급하지 않아 발생하는 수급인의 피해를 최소화하기 위해 수급인이 발주자에게 공사대금지급보증 또는 담보제공청구권을 요청할 수 있도록 했다. 현재 민간 건설공사는 공공공사와 달리 공사대금 지급 보증 제도가 운영되지 않아 공사비를 받지 못하는 등의 문제가 발생하고 있다. 개정안에 따르면 발주자가 수급인의 공사대금지급보증이나 담보 제공 요구에 따르지 않을 경우 수급인이 일정한 기간을 정해 발주자에게 그 이행을 최고(독촉)하고 공사 시공을 중지할 수 있다. 발주자가 최고한 기간 내에 이행을 하지 않으면 수급인은 도급계약을 해지할 수 있고, 이 경우 발주자는 수급인에게 공사 중지나 도급계약 해지에 따른 손해배상을 청구할 수 없도록 했다.

한국건설산업연구원과 대한건설협회가 전국의 종합건설업체 254개사를 대상으로 실시한 설문조사에 따르면 건축주(발주자)로부터 공사대금을 전부 또는 일부 받지 못했다는 응답자는 39.4%(100개사)를 차지했고, 추가공사나 설계변경시 공사비를 받지 못했다는 응답자는 52%(132개사)에 달했다.

이 의원은 "전체 민간건설공사 수주액이 74조원인 것을 고려하면 수급인들은 총 5조 6천억원 상당의 공사대금을 받지 못하고 손해를 본 것으로 추정된다."며 "손해배상 없이 계약해지 권한을 부여해 공사대금을 제대로 받을 수 있도록 하려는 것"이라고 말했다. 국토부 박민우 건설정책관은 "민간 건설공사의 경우 사적계약이지만 불공정 거래에 대해서는 정부의 역할도 필요할 것으로 본다."며 "민법 등 다른 법상 문제가 되지 않는 범위 내에서 공공공사의 수급인 보호제도를 민간 공사에도 최대한 적용할 계획"이라고 말했다.

〈연합뉴스〉, 2012.10.22

국토부는 건설산업기본법령 개정안을 2013년 8월 1일부로 입법 예고했다.

성실 시공에 대한 자금 결제

K_건축은 자본의 논리에 휘둘리기 쉽습니다. 시공자만 일방적으로 신뢰감을 주어야 합니까? 건축주와 시공자는 종속관계나 상하관계가 아닙니다. 협력(Partnership)하는 파트너가 되어야 한다고 생각합니다.

P_물론 그렇습니다. 건축주도 시공자를 신뢰해야 합니다. 상호 신뢰하는 관계에서 일이 추진되어야 좋습니다. 시공자는 계약 관계를 통해 건축주의 비용을 들여 건축물이라는 제품을 생산하는 입

장에 있습니다. 그렇다면 시공자는 제품의 질에 대한 책임을 져야 하고 건축주를 만족시켜야 합니다. 당연한 것입니다.

K_건축주에게 신뢰감도 주지 못하고 일도 제대로 못하는 시공자도 가끔 있습니다. 이런 사람들 때문에 성실하게 시공하는 사람도 대우를 받지 못합니다. 악덕 시공자도 문제이지만 악덕 건축주도 있겠지요?

P_저는 악덕 건축주를 만나지 못했습니다. 그래서 행복한 사람이기도 합니다. 공사비를 못 받는 경우는 시공자의 문제라 생각합니다. 시공자가 정직하고 성실하게 시공했는데 공사비를 주지 않는 건축주는 없다고 봅니다.

K_더 많은 이윤을 챙기기 위해 부실공사를 일삼고 이윤에만 관심 있는 악덕 업자도 많습니다. 나쁜 시공자로 인해 많은 건축인이 비난받고 매도당합니다.

P_약속을 지키는 건축, 성실시공을 해야 합니다. 지나친 이윤 추구는 독이 될 수 있습니다. 돈 받은 만큼만 집을 짓는 것이 아니라 마음을 담은 집을 지어야 합니다.

K_시공과정에서 공사비 때문에 건축주와 다툼이 생길 수 있습니다. 그런 경우는 없었습니까?

P_전혀 없었습니다. 싸운다고 문제가 해결되지 않습니다. 시공자는 건축주의 입장을 이해하고 최선을 다해 설득해야 합니다. 어떤 경우라도 건축주와 싸우거나 화를 내어서는 안 됩니다. 건축을 그만둘 각오가 되어 있다면 싸워도 됩니다. 그렇지 않으면 참

아야 하고 감정을 조절해야 합니다. 감정은 성공과 실패를 좌우하는 중요한 요인입니다. 건축주와의 다툼이나 의견 충돌, 분쟁이 발생하면 결국 시공자가 손해입니다. 건축 영업, 수주에 어려움이 생깁니다. 분쟁은 없어야 합니다.

K_하지만 악덕 건축주 때문에 분노를 느끼는 사람도 있고, 이럴 때 어떻게 감정을 조절해야 할까요? 악덕 건축주 때문에 손해 보는 선량한 시공자도 많습니다.

P_하지만 '분노'로 문제가 잘 풀리는 경우가 있습니까? 분노는 결국 주어진 어떤 상황에 모욕감을 느끼거나 부당함을 느끼면서 반대급부로 나오는 마음입니다. 수동적, 피동적 감정으로 건축 수주를 이끌어내는 것은 불가능합니다.

K_공사기간을 지키는 것은 중대한 약속입니다. 예정보다 시공기간이 늘어나 건축주가 피해를 입는 경우는 어떻게 하십니까? 피해보상을 해 준다거나 지체보상금을 물어준 적은 없었습니까?

P_단 한 건도 없었습니다. 시간에 대한 약속도 지켜야 합니다. 공사기간 내에 공사를 끝내기 위해 최선을 다하는 것이 시공자의 기본자세입니다. 공사기간이 연장되지 않도록 시공자가 미리 검토하고 대처해야 합니다. 공사 지연은 대부분 준비 부족 때문에 발생됩니다. 공사기간이 연장되어 건축주에게 피해를 준 경우는 없었습니다. 건축주와 시공자가 손해 보지 않도록 해야 합니다.

K_폭우나 태풍과 같은 불가항력적인 재해로 인한 경우 불가피하게 공사기간 연장이 발생됩니다. 그런 경우는 없었습니까? 연장이 된다면 비용은 누가 부담해야 합니까?

P_기상이나 그 어떤 이유로도 공사 지연으로 문제가 된 적 없었습니다. 그래서 공사기간은 건축주의 의견을 고려하지만 제가 제안합니다. 저는 모든 가능성과 불확실성을 고려하여 공사기간을 설정합니다. 사전에 10년 주기의 기상 및 통계자료를 검토하여 우기(雨期)를 제외하고 실제 공사 가능한 시간을 파악하여 여유 있는 공사기간을 설정합니다. 하지만 천재지변으로 공사기간이 연장되어 발생하는 비용은 건축주와 시공자가 협의하여, 공동으로 부담하는 것이 좋다고 생각합니다.

하도급 업체와 약속 지키기

K_하도급 업체와의 계약도 반드시 지켜야 합니다. 하도급 업체에 대한 자금 결제는 현금으로 하신다고 하셨습니다. 공사비 지불도 약속한 것처럼 철저하게 지키십니까?

P_물론입니다. 하도급 업체가 해야 할 부분이 끝나면 그 내용을 확인하고 바로 결제해 줍니다. 외주 업체 결제는 최대한 빨리합니다. 결제가 깨끗해야 상호간의 신뢰가 쌓입니다.

K_하도급 업체의 일이 끝나도 공사비를 늦게 주는 것이 일반적인 행태입니다. 사장님처럼 결제를 바로 해주면 하도급 업체가 좋아하겠습니다.

P_20년 동안 같이 해온 업체가 많습니다. 하도급 업체가 바뀌지 않아야 하며 일 잘하는 업체와 같이 해야 합니다. 일 잘하는 하도급 업체는 일도 많고 바쁩니다. 맡은 공정에도 최선을 다합니다. 일

을 잘하는 업체는 단가를 더 주고도 일을 시키지만 현장 관리나 일은 까다롭게 합니다. 일이 힘들기 때문에 결제만큼은 정확히 하며 단가를 더 주는 것입니다. 그렇게 해야 능력 있는 업체와 오랫동안 같이 일할 수 있습니다.

K_일은 제대로 마무리 하지 않고 결제를 요구하는 경우도 있고 선수금을 달라는 업체도 있습니다. 결제는 가능하면 최대한 늦게 해주어야 한다고 들었습니다.

P_일이 끝났을 때 약속대로 결제해야 하며 선수금이나 금전적 보상은 없어야 합니다. 일과 결제는 확실하게 해야 합니다. 그것이 원칙입니다. 저와 같이 일하는 업체는 고정되어 있습니다. 협력 업체를 바꾸지 않습니다. 예외적이지만 일 잘하는 업체가 어렵다고 도움을 요청하면 선수금을 주거나 선결제하기도 합니다. 하지만 처음 같이 하거나 믿지 못하는 경우에는 절대 선결제하지 않습니다. 외주업체의 재정상태, 신용도에 대해 자세히 알아봐야 합니다. 부실한 업체와는 거래하지 않습니다.

건축주가 해야 할 중요한 역할

미국건축가 협회의 계약서에도 명시되어 있듯이 건축주는 프로젝트가 만족스럽게 마무리될 때까지 임금의 10%를 저당해 놓아야 한다는 것이다. 마지막 임금을 지불하기 전에 모든 하청업자의 서명이 들어간 양도증서를 받아 놓는 것이 중요하다.

시공사 역시 하청업자 임금의 10%를 저당잡고 있다는 사실을 명심해야 한다. 이 10%는 일을 만족스럽게 마무리해야겠다는 동기를 부여하는 수단이 된다. 이 방법으로 건축주는 정해진 기간 내에 만족스러운 품질의 결과를 얻어낼 수 있는 것이다.

프로젝트가 마무리되기 전에 끝내야 할 작업, 다시 해야 할 세부 사항들은 '개선항목(Punch list)'에 명기해 둔다. 최종대금이 지불되기 전에 건축주와 건축가, 시공자가 세부 사항들을 마무리 짓기 위해 사용하려고 고안해낸 것이다. 항목에 기재된 사항들이 모두 개선되고 나서야 하청업자들은 저당금을 받아갈 수 있다.

〈건축가처럼 생각하기〉, 할 박스(Hal box)

K_하도급 업체의 재정상태도 알아야 할 사항이군요. 현장소장인 저의 지인에게 사장님의 얘길 했더니 단가를 100% '네고(깎기)'할 것이라고 장담합니다. 네고 하는 것이 일반적입니다. 네고하지 않는 업체나 시공자는 없을 것인데요. 사장님은 하도급 업체의 금액(공사비)에 대해 네고하지 않습니까?

P_제가 제시한 견적에 대해 네고해 주지 않는 것처럼 하도급 업체의 견적에 대해서도 네고하지 않습니다. 오히려 주요 공정에 해당하는 30%정도의 하도급 업체는 단가를 조금 높여 제시합니다. 실행 금액이 나와 있기 때문에 하도급 업체의 단가를 판단할 수 있습니다. 조금 높은 단가를 제시해도 그대로 해 줍니다. 일이 까다롭기 때문입니다. 나머지 60%정도는 하도급 업체가 제시한 금액을 네고하지 않고 그대로 해줍니다. 네고하지 않는 것은 일을 정확하게 하기 위한 것이며, 일 잘하는 업체를 만나기 어렵기 때문입니다. 사실이며 솔직한 이야기입니다.

K_전문 직종의 하도급 업체는 많습니다. 견적 금액을 깎지 않아도 같이 할 업체가 많을 것입니다. 단가를 더 주고라도 해야 합니까? 합리적이지 못한 방법 아닙니까?

P_좋은 방법이라 할 수 있습니다. 일 잘하는 업체와는 같이 해야 합니다. A급, B급 업체가 있습니다. B급 업체가 금액을 낮게 제시해도 B급 업체와 같이 하지 않습니다. B급 업체와 같이 하면 품질이 떨어지거나 문제가 생길 수 있기 때문입니다. 무조건 A급 업체와 일해야 합니다. 새로운 업체는 일하는 방법도 가르쳐야 하는 번거로움이 있습니다.

K_사장님의 방식에 반대되는 의견도 있습니다. 단가를 낮추어 계약하고 일하는 것을 보고 올려 주는 방법이 있습니다. 일을 잘하면 업체의 사정을 고려하여 단가를 올려 주는 것입니다. 단가를 올려 주면 업체가 더욱 열심히 하지 않겠습니까?

P_좋은 방법이 아닙니다. 외주업체에게 일에 대한 사항을 완벽하게 설명하지 않은 경우입니다. 해야 할 사항, 방법, 범위, 요구사항 등을 정확히 알려주고 업체 의견을 듣습니다. 그 의견에 공감하면 업체의 사정을 감안할 수 있습니다. 처음에 한 약속대로 해야 합니다.

K_하도급 업체가 과다한 견적을 내는 바람에 단가(실행예산)가 맞지 않을 때도 있습니다. 단가를 후려치기(깎기) 하지 않습니까?

P_물론 그럴 때는 협의해서 조정합니다. 하지만 일방적으로 강요하거나 후려치기 하지 않습니다. 그렇게 하면 좋은 업체가 같이 일하지 않습니다. 적정한 공사비를 보장해 주어야 합니다.

K_일하고도 돈을 받지 못하는 하도급 업체도 많습니다. 돈을 받지 못해 어려움에 처합니다. 하도급 업체에게 공사비를 주지 않거나 문제된 적 없습니까?

P_없습니다. 돈 달라고 전화하는 업체는 하나도 없으며 결제 부분은 깨끗합니다. 결제가 깔끔하지 못하면 소문이 납니다. 결제 관계에 문제가 없어야 좋은 품질의 건축을 할 수 있습니다. 깨끗한 결재도 좋은 건축하기에 꼭 필요한 사항입니다.

K_일은 제대로 하지 않으면서 결제만 요구하는 업체도 있습니다. 부실한 하도급 업체도 있지 않습니까?

P_원청업체는 하도급 업체와 협조적이고 우호적인 관계를 유지해야 합니다. 하지만 일에 대해서는 엄격한 관계를 유지하여 잘못된 일에 대해서는 단호하게 수정을 요구해야 합니다. 일이 끝나지도 않았는데 결제를 요구하는 업체는 도산, 파업의 우려가 있습니다. 과(過)기성이 나가지 않도록 해야 하며 공사비 지불을 유보해야 합니다.

K_하도급 업체에게 일방적인 희생을 강요해서는 안 됩니다. 그런데도 일한 돈을 늦게 주거나 몇 개월짜리 어음을 주기도 합니다. 심지어 결제 지불을 대물로 대체하여 피해를 줍니다. 원청업체의 횡포와 불공정거래가 심하죠?

P_일반적인 행태라 알고 있습니다. 저는 그렇게 하지 않습니다. 그렇게 하면 악순환이 반복되고 서로의 관계가 나빠집니다. 일을 제대로 하고 돈도 제대로 받아야 합니다.

K_갑(甲)은 공사를 해서 돈을 벌지만 을(乙)은 일을 해도 회사 문을 닫는다고 합니다. 갑(원도급사)은 어떤 상황이 발생하더라도 을(하청회사)에게 계약 금액 이상을 지급하지 않습니다. 을은 추가 공사 수주를 걱정하여 당당하게 권리를 주장하지 못하고 때로는 손해를 보며 공사를 진행합니다. 이것이 건설업계의 일반적인 갑을 관계이며 관행입니다.

P_하도급 업체도 이익을 추구하는 집단이므로 이익이 남도록 해 주어야 합니다. 지나친 손해는 공멸하는 지름길 입니다.

전문 건설업 실태

전문건설협회에 따르면, 2만8000여 회원사 가운데 지난해 문을 닫은 업체가 2,503곳에 이릅니다. 2008년부터 5년 연속 해마다 2,500개 안팎의 회사가 경영난을 이기지 못해 부도 처리되고 있다.

글로벌 경제위기 등 외부 환경적 요인도 있지만, 업계는 불공정한 하도급 거래 행위에서 비롯된 측면도 크다고 보고 있다. '종합건설=원도급', '전문건설업체=하도급'이라는 종속적인 건설 구도와 계약 방식 등이 불공정한 갑을 관계를 만들고, 원도급사에 착취당하는 악순환으로 이어진다는 것이다.

전문건설업체가 원도급자에게 공사대금을 받기까지는 평균 27.5일이 소요된 것으로 설문 조사 드러났습니다. 공사 대금을 받는 기간이 법정기한(15일)보다 두 배 가까이나 걸린 것이다.

〈조선일보〉, 2013.6.11

K_하도급 업체가 손해를 보아서도 안 됩니다. 우월적 지위를 이용하여 하도급 업체에게 상당 부분을 포기하도록 유도하는 경우와 피해를 주는 경우도 있습니다. 하도급 업체도 관행을 답습하지 말고 정정당당하게 자기의 권리를 주장해야 된다고 생각합니다.

P_요즘과 같이 좋지 못한 건설 환경에서 살아남으려면, 하도급 업체와의 긴밀한 공조와 협력으로 생산성을 획기적으로 증가시키는 것이 중요합니다.

K_하도급 업체(협력 업체)와도 원만한 관계를 유지하고 일한 만큼의 대가를 지불해야 좋은 건축을 할 수 있을 것 같습니다.

P_협력 업체와의 관계나 이들을 대하는 방식도 남들과 달라야 합니다. 일반적인 나쁜 관행을 따라하지 말고 적절히 대우해 주는 것이 현명합니다.

네 번째, 또 다른 약속

"진심으로 염원하면 이루어진다."라고 이야기한 사람은 분명 노력에 노력을 거듭해야 한다는 전제조건을 알고 있다.

- 무네쓰구 토쿠지(宗次德二) -

안전 관리와 인테리어 건축 교육과 예비 사업가

네 번째, 또 다른 약속

건축은 인간의 정신을 담는 그릇이며 표현이다. 우리의 가치관을 우리의 사고 구조를 우리의 사는 방법을 통해 보여 주는 것이 건축이다. 건축의 가치는 멋있다고 표현될 수 있는 것 너머에 있다.

• 안전 관리와 인테리어

안전 관리는 모두의 몫이다

K_현장에서 안전 부주의 사고가 빈번하게 일어납니다. 건설공사는 본질적으로 위험과 사고가 불가피하게 수반되는 활동이기 때문입니다. 산재 사망사고는 다단계 하청 구조인 건설업, 조선업에 집중되고 있고, 건설 노동자는 매년 600~700명이 산재로 숨진다고 합니다. 안전관리만큼 중요한 것은 없을 것 같네요. 어떻게 생각하십니까?

P_우리 건설업계는 부실공사 방지와 안정성 확보가 어느 때보다 더 강조되는 시점입니다. 안전관리는 대기업이 하는 방식 이상으로 해야 합니다. 작은 회사는 사고로 인해 어려움에 처할 수 있습니다. 안전 불감증 사고를 방지해야 합니다.

K_미리 예측한 사고는 절대로 일어나지 않는다고 합니다. 사장님의 현장에서 안전 부주의 사고는 없었습니까?

P_있었습니다. 사업 초기에 두 건 정도 있었습니다. 하지만 그 이후에는 다행히도 없었습니다. 사고를 방지하기 위해 최선을 다했습니다.

K_당연히 안전 부주의 사고는 없어야 하지만 현장에는 언제나 위험 요소가 존재합니다. 그런데 법적인 요소와 규정만 제대로 지켜도 인재를 막을 수 있다고 봅니다.

P_안전 부주의 사고는 건축의 생산성에 영향을 미칩니다. 사고를 미연에 방지해야 합니다.

K_기본을 잘 지키면 안전사고는 없을 것입니다. 안전 부주의 사고가 발생되면 공정에 차질을 미치며, 시공자는 피해 보상과 형사 문제를 해결해야 합니다. 문제해결에 막대한 비용이 듭니다. 경우에 따라서는 회사의 존립에 영향을 미칠 수 있습니다.

P_안전 부주의 사고는 시공자에게 피해를 주며 건축주에게도 정신적, 심리적 피해를 줍니다. 안전 부주의 사고로 인해 건물의 느낌이나 인상이 달라질 수 있습니다. 당연히 건축주는 좋아하지 않습니다.

K_시공자는 현장 실정에 맞는 안전관리계획을 수립하고 정기교육을 실시해야 하고, 직원 및 근로자는 안전관리규정을 준수해야 합니다. 현장에서 안전모, 안전벨트, 안전화 등 안전 장비 착용이 필수적입니다. 하지만 작업하기 불편하다는 이유로 착용하지 않습니다. 현장에서의 안전관리에 대해 좀 더 구체적으로 이야기해 주시겠습니까?

P_일하는 것보다 안전이 더 중요합니다. 안전관리비는 비용이 아니라 투자라 생각해야 합니다. 작업 인부가 아침에 현장으로 출근하면 안전교육이 시작됩니다. A4 용지에 적힌 안전에 관한 사항을 함께 읽습니다. 안전장비 착용을 철저히 관리해야 하며 규정

을 지키지 않으면 현장에서 일할 수 없습니다. 조금만 부주의해도 사고가 발생됩니다. 작업자는 규정과 지시를 따라야 합니다.

K_건설공사에 각종 사상재해가 많은 원인은 근로자의 고용관리 결함 때문이라 합니다. 근로자는 하도급 업체에서 관리하기 때문에 사고가 발생된다는 것입니다.

P_하도급업체와 계약시 안전 부주의 사고에 대한 것을 분명히 해야 합니다. 그래도 관리자는 철저하게 안전대책을 세워야 합니다.

K_작업자는 안전, 안전 불감증 사고에 대한 인식이 부족합니다. 자신의 안전에 대해 무감각한 편입니다. 위험을 무시하는 문화와 안전 불감증이 심각합니다. 안전에 대한 사항이 잘 지켜지지 않습니다.

P_맞습니다. 철저하게 지켜야 합니다. 시공자는 집 짓는 것보다 안전사고를 방지하는 것이 더 중요할 수 있습니다. 작업자는 자신의 안전을 스스로 지켜야 합니다.

인테리어와 조경은 전문가에게 맡겨라

K_인테리어 부분도 민감한 사항입니다. 인테리어 부분을 계약 내용에 포함시킵니까? 건축시공의 내용과 범위가 분명하지 않습니다. 계약하기 나름인가요? 어떻게 하는 것이 바람직합니까?

P_인테리어는 전문가에게 맡겨야 합니다. 저는 인테리어 공사를 하지 않습니다. 중간 단계를 줄이고 건축주와 인테리어 전문가가

직접 계약해서 추진해야 합니다. 해당 분야 전문가에게 맡기는 것이 좋습니다.

K_관급공사에서 전기 분야는 건축과 분리하여 발주됩니다. 사장님은 전기 분야도 수주 범위에 포함시킵니까?

P_전기 공사를 받기도 합니다. 공장인 경우는 전기공사를 받아서 지속적으로 거래할 업체에게 줍니다. 전기 업체에게 하도급을 주는 것입니다. 공장은 준공 이후에도 서비스를 받고 수시로 점검 받아야 하기 때문입니다. 전기 분야는 건축주에게 전문회사와 계약할 것을 권장합니다. 가능하다면 건축과 분리시킵니다.

K_비슷한 질문입니다만 조경 부분도 건축과 함께 시공합니까? 어느 부분까지 계약하고 처리하십니까?

P_건축분야에 집중해야 합니다. 조경도 전문 업체에게 맡길 것을 권유하며 그렇게 하는 것이 좋습니다. 시공회사는 이윤을 내는 것이 중요하지만, 돈 된다고 자기 분야가 아닌 것까지 하는 것은 바람직하지 않습니다. 욕심내지 말아야 합니다.

K_조경도 같이 하면 좋을 수 있습니다. 현장의 제반 사정을 잘 아는 시공자가 조경을 맡아 일괄적으로 시공하면 잘할 수 있을 것 같은데요.

P_조경을 받아서 해도 됩니다. 하지만 저는 문제나 논란이 발생될 수 있는 것은 하지 않습니다. 나무는 한 그루라도 죽을 수 있습니다. 그러면 다시 심어주어야 합니다. 그렇게 하는 것은 제 스타일이 아니며 고사된 나무 심어 줄 시간이 없습니다. 조경은 조경업자와 함께 하는 것이 좋습니다.

마지막 서비스는 준공청소다

K_준공청소는 어떻게 하십니까? 준공청소를 하면 건축주가 청소하지 않아도 될 것입니다.

P_물론입니다. 마지막까지 최선을 다해 서비스해야 합니다. 건축주는 청소할 필요 없습니다. 먼지 하나 없이 깨끗이 청소해 줍니다. 건축주에게 감동을 선사해야 하겠다는 생각으로 품질은 물론 서비스까지 한 치의 소홀함도 없어야 합니다.

K_준공 청소비도 내역에 포함시키십니까?

P_포함시킵니다. 그러므로 건축주가 청소하게 해서는 안 됩니다. 대부분 내역에 포함되어 있어도 청소를 대충합니다. 그래서는 안 됩니다. 내역에 포함되어 있다면 건축주가 만족하도록 깨끗하게 해야 합니다.

K_준공청소가 중요하다는 말씀이군요. 청소를 한다고 하지만 먼지는 있을 수 있습니다. 어느 정도까지 해 주어야 합니까?

P_먼지 하나 없도록 해야 합니다. 건축주가 양말을 신고 들어갈 수 있도록 해주어야 합니다. 건축주가 청소를 하게 된다면 시공자가 최선을 다하지 않은 것입니다. 아무 불편 없이 바로 사용할 수 있도록 정리되어야 합니다. 그렇게 해야 건축주가 감동 받을 수 있습니다.

건축 교육과 예비 사업가

실무적인 건축 교육이 되어야 한다

K_건축 교육은 뛰어난 건축가를 키우는 것보다는 바른 생각을 가진 건축인, 건강한 건축인을 양성하는 것이라 생각합니다. 건축가 페터 춤토르는 "건축 교육이란 스스로 질문하고 교수의 도움으로 해답을 찾으며 질문을 줄여나가면서 다시 해답을 찾는 것이다. 이 과정의 무한 반복이다."라고 합니다. 사장님은 대학원에서 공부하시는 입장에서 대학 혹은 대학원의 건축 교육을 어떻게 생각하십니까? 무엇이 문제일까요?

P_제일 큰 문제는 현장, 현실에 적응하지 못하는 것입니다. 대학을 졸업하고 대학원에 다니는 학생도 작은 현장을 이끌어 가지 못합니다. 4년을 넘게 배워도 현장에서 어떻게 할 줄 모르고, 공정을 파악해서 작업자에게 지시할 수 없다면 대학의 건축 교육이 문제라 할 수 있습니다. 그 만큼 실무적인 교육이 아니라는 것입니다.

K_대학마다 이론 위주의 교육에 치중하는 것이 여전한 현실입니다. 그렇지만 다양한 제도를 도입해서 현장에 적응할 수 있는 교육이 되도록 노력하고 있습니다.

P_많은 노력을 기울이고 있지만 부족한 점이 많습니다. 먼저 학생을 가르치는 사람이 실무적인 내용과 현장에 대한 지식이 부족합니다. 물론 모두가 그렇다는 것은 아닙니다. 부족한 부분은 시간강사나 겸임교수 제도를 통해 보완하기도 합니다. 그렇지 않습니까?

K_저도 대학에서 강의해 보았습니다. 실무적인 교육이 충분하다고 할 수 없지만, 변화를 꾀하고 새로운 방식을 도입해서 부족한 부분을 개선하기 위해 노력하고 있습니다.

P_그렇지만 제도나 노력처럼 실제적인 교육이 되지 않습니다.

K_학교 교육과의 심한 괴리감으로 인해 방황하거나 후회하는 사람도 많습니다. 현장에서 하는 업무의 대부분은 학교에서 가르치는 이론 중심의 내용과는 다릅니다. 대학에서의 실무적인 건축 교육의 한계도 있습니다. 어떤 점이 부족할까요?

P_오늘의 건축 기술은 빠르게 변화합니다. 변화를 교육이 따라가지 못합니다. 이런 변화를 따라 가지는 못할지라도 강의나 교육은 현장에서 적응할 수 있는 내용이어야 합니다. 실무적인 교육이 되어야 합니다. 건축시공 과정에 대한 것이라면 시작부터 마무리까지 완전히 담겨있는 자료나 책을 통해 강의가 이루어져야 하며, 결과물(책, 자료)을 학생들에게 주는 것이 좋습니다. 하나의 시공 과정이나 설명이 담겨 있는 동영상 자료가 좋은 소재가 될 수 있습니다.

K_실무적인 건축교육이 중요합니다만 건축이론과 지식, 역사, 사회에 대한 것도 필수적입니다. 건설 경영에 대한 커리큘럼도 필요

합니다. 대학에서 실무적인 교육만 강조할 수 없습니다. 실무적인 교육 내용에 치우친다면 대학이 단순히 기능을 전수하는 학원 교육의 수준에 머무를지도 모릅니다.

P_동의합니다. 건축교육은 단순한 실무교육이 아니라는 점을 간과해서는 안 됩니다. 단순한 실무교육은 현재 실무에 활용되는 기능적 지식을 가르칠 뿐, 지식의 변화와 발전을 담보하지 못할 수 있습니다. 이론적 교육과 실무적 교육이 적절히 조화되고 실무에 적용할 수 있는 기본적인 내용을 가르쳐야 합니다. 건축교육은 현재에 사용되는 실무적 지식뿐 아니라 미래의 새로운 지식과 이론도 포함되어야 합니다.

K_앞에서도 이야기 했지만 취업하기 매우 어렵습니다. 건축을 배우는 학생의 자세는 어떠해야 할까요?

P_건축공학(시공)을 공부하는 학생은 대기업, 공공기관, 공무원 시험을 준비해도 좋습니다. 대기업에서 근무하면 큰 회사의 흐름을 알 수 있는 장점이 있습니다. 하지만 시공자의 길을 걷고 싶은 사람은 지방의 좋은 중소기업에서 실무를 익히고, 나름대로 기술을 익혀 자립하는 것이 좋습니다.

K_취업하기 힘든 현실입니다. 자기에 맞는 목표를 세우고 장점을 갖추어야 합니다. 공부하는 대학생들에게 해 줄 말씀이 있습니까?

P_취업은 남들 따라 할 필요가 없습니다. 스펙을 쌓기 보다는 의미 있는 준비를 해야 합니다. 현실에 안주하기 보다는 미래를 고민해야 합니다. 지방에서 잘하면 대기업에 취업한 친구보다 빨리

성공할 수 있습니다. 물론 남다른 노력이 수반되어야 합니다. 그렇게 하면 자기만의 건축을 할 수 있습니다.

예비 사업가에 대한 조언

K_비즈니스는 수없는 시행착오를 헤쳐 가는 과정을 거듭해야 하는 것이 사업인 것 같습니다. 건설경기가 좋지 못해도 건설업 하려는 사람이 있습니다. 그 분들에게 어떤 말을 해 주고 싶습니까?

P_단 한번 뿐인 인생에서 지금까지의 인생을 180도 변화시킬 정도의 결의가 있다면, 희망과 용기를 가지고 건설경영에 도전해 보십시오. 숱한 고난과 역경을 이겨낼 자신감을 가지고, 흔들리지 않고 지속적인 목표를 향해 노력할 수 있다면 하십시오. 건설업을 한다는 것은 자신의 혈액을 모두 바꿔 넣는 것과 같은 일입니다. 목숨을 거는 일이 될 수도 있습니다. 그 정도의 강한 의지가 있다면 해 볼만 합니다.

K_건설업계는 수준난이 심화되고 있으며 자금난과 일감 감소까지 겹쳐 매우 어려운 시기를 겪고 있습니다. 국내 경기 침체가 지속되고 세계경제도 불안하여 사업하기가 쉽지 않습니다. 이런 상황에서 건설업을 추천할 수 있을까요?

P_경기에 영향 받지만 자기만의 경쟁력이 있어야 합니다. 사업 초기에는 어려울 수 있으나 반드시 잘 될 날이 올 것입니다. 기회는 누구나 잡을 수 있습니다. 보이지 않는 허상을 단박에 꿈꾸기보다 눈앞의 현실을 온몸으로 부딪쳐갈 때, 기회는 잡힐 수밖에 없

습니다. 하나씩 점진적으로 공부해야 합니다. 창업을 한 이상 사업 초기와 같은 의지와 노력으로 참고 이겨낸다면 성공적인 건설업을 할 수 있습니다. 자기만의 합리적이며 정직한 원칙을 세우고 그것을 반드시 지켜야 합니다.

K_그러면 사장님은 건설업 비전이 있다고 생각하십니까?

P_비전이 있습니다. 왜 비전이 없습니까? 반복되는 이야기입니다만 남들과 다르게 해야 합니다. 남들이 잘못하고 있기 때문에 자신이 잘 하면 성공할 수 있습니다. 건축을 대충하거나 하자, 부실을 발생시키는 회사는 문을 닫아야 합니다. 자연스럽게 문을 닫게 됩니다. 하자만 줄여도 일을 받을 수 있습니다. 좋은 건축을 하는 사람만 살아남을 수 있으며 시공과정이 투명해야 합니다.

K_사업을 시작하려면 자금이 있어야 합니다. 자금을 어떤 식으로 마련하고 준비해야 할까요?

P_자금보다 기술이 있어야 합니다. 첫째는 기술입니다. 돈은 있어야 하겠지만 적은 자금으로도 시작이 가능합니다. 돈이 적다면 작게 시작하면 됩니다. 준비와 계획이 필요합니다.

K_젊은 건축인은 어떤 점을 중요하게 생각해야 할까요?

P_기성세대와 달라야 합니다. 자신의 건축에 대한 소신, 원칙을 가지고 그것을 정직하게 실천해야 합니다. 오직 그것만이 자신의 일이어야 합니다. 나쁜 관행을 답습하지 말고 원칙과 기본에 맞는 건축을 해야 합니다. 그것은 좋은 건축입니다.

맺는 글

약속은 눈에 보이지 않는다. 하지만 우리의 삶을 진실 되게 이끄는 중요한 실천적 가치이다. 박성봉 사장이 한 약속의 의미는 남다르다. 그 약속은 자기를 위해 자신이 세운 원칙이자 기준이다. 그는 자기와의 약속, 건축주와의 약속, 건축 품질에 대한 약속을 20년간 지켰다.

우리가 무한경쟁의 삶을 살면서 어느 순간 잊어버리게 된 소중한 것은 무엇일까? 바로 신뢰와 정직, 약속과 같은 지극히 평범하고 고루해 보이는 단어이다. 그는 세 가지 평범한 단어를 통해 우리에게 중요한 것을 가르쳐주었다. 열정적으로 가슴 뛰는 삶을 사는 것이 얼마나 아름다운지, 고객과의 신의를 지키고 신뢰를 쌓는 일이 얼마나 힘이 되는지, 자신의 일에 사명과 책임을 다하는 것이 얼마나 자랑스러운 것인지 알게 해주었다. 나는 그를 통해 약속을 지킨다는 것이 얼마나 아름다운 일인지 새삼 깨닫게 되었다.

그는 자기 방식대로 건축을 했다. 자기만의 모습으로 남과 차별화되는 스타일을 추구하여 하자 없는 좋은 건축을 실천했다. 그는 영악하지도 영업 능력이 대단하지도 않다. 사업 수단이 좋은 사람처럼 보이지도 않는다. 그렇다고 힘 있고 권력 있는 사람이 주변에 있는 것도 아니다. 그렇다면 무엇이 그로 하여금 행복한 건축, 좋은 건축을 할 수 있게 하였을까? 그것은 건축의 기본과 원칙을 철저히 지키겠다는 스스로와의 '약속'이었다. 그는 그 약속을 지키기 위해 온 몸으로 건축하기를 실천한 특별한 사람이다. 보통의 사람이 하나의 약속을 20년간 지키기란 결코 쉽지 않은 일이다. 하지만 그는 20년이란 짧지 않은 건축 인생을 끊임없는 노력과 절제력으로 자기만의 약속을 지켜냈다.

그는 일이 없어 쉬어 본 적이 없다. 사업을 그만 둔지 2년이 지난 요즘도 일을 의뢰하는 사람이 있다. 사업 이후에도 건축주와 좋은 관계를 유지하고 있다. 이것은 약속 실천에 대한 믿음 때문이다. 건축 품질에 대한 건축주의 인정을 의미한다. 성실로서 신뢰를 얻고 품질과 서비스로 고객을 만족시킨 결과이다. 이와 같은 것을 종합해 볼 때 그는 성공한 건축인이다. 그 성공이 크든 작든 '사랑받고 신뢰받는 건축인'이다.

이 책은 좋은 건축을 추구해온 박성봉 사장의 실천 방법과 의지에 대한 것이다. 내가 말하고 싶은 것은 그에 대한 칭송이 아니라 누구나 좋은 건축을 할 수 있다는 희망이다. 우리 주변에는 이처럼 좋은 건축인도 있으며, 자신의 일에 최선을 다하는 남다른 시공자도 있다는 것을 알리고 싶었다. '좋은 건축'의 비결은 무엇인가? 건축인으로서의 사업 성공 비결은 무엇인가? 그 해답은 너무나 싱겁게도 '기본과 원칙'을 지키는 일이었다. 그러나 나는 누구나 알고 있지만 누구나 지킬 수 없는, 이 두 가지 명제만이 건축인의 DAN가 되어야 한다고 믿는다. 건축의 기본과 원칙을 지키며 열심히 정직하게 하면, 좋은 건축을 할 수 있고 사랑받는 건축인이 될 수 있다는 희망을 말하고 싶다.

누구나 건축의 경험이나 철학이 다를 수 있다. 공감의 내용과 정도가 다를 수 있다. 하지만 그의 '정직한 건축하기'는 본받을 만하다. 건축인에 대한 불신이 심각한 사회적 분위기를 반영한다면, 그는 정직하고 신뢰받는 건축인의 모범적인 모델이 될 수 있다. 미래의 건축인은 그의 땀과 노력을 배워 많은 사람들이, 그 속에서 꿈과 평안을 누릴 수 있는 행복한 집을 '진심'을 다해 지어가는 '좋은 건축인'이 되길 바란다.

2014. 12.

김강섭

건축인에게

건축은 우리 사회의 자화상이며 개인적, 사회적 욕망의 분출이다. 사회인으로서의 한 개인의 부나 사상, 안락, 과시를 위해 가시적으로 표출시키는 것이 건축이다. 건축은 사회적 영역에 일정기간 공간적 체적을 차지하며 사회성을 띠는 것이다. 최종적으로 시공된 형태로 물화된 세계에서 하나의 자리를 차지한다.

우리 사회에서 자본이 존재하는 한 아니 인간의 활동이 지속되고 사회가 존속하는 한 건축 행위는 계속될 것이다. 이와 같은 건축은 개인의 욕망과 그 사회의 위상, 단면을 상징적으로 보여주는 물체이다. 단순한 쉘터(Shelter)로서만 아니라 인간과 시대를 반영하는 것이다.

인간의 삶에 있어서 건축만큼 밀착된 존재는 없다. 일상을 영위하는데 무엇보다 중요한 조건 중 하나가 바로 건축이다. 요람에서 무덤까지 함께 하는 것이 건축이다. 좋은 건축은 도시를 변화시키고 그 속에 살고 있는 삶의 방식도 결정한다. 단순한 부의 상징만이 아니라 개인의 정신, 사회의 정신을 표상하는 것이다. 좋은 건축, 인간의 삶을 편안하게 하는 건축, 정신적으로 스트레스가 적은 건축은 도덕적 측면, 공공적 측면에서 인정받을 수 있다.

건설업은 회사규모나 위치, 사장의 학별, 배경보다 건축의 품질, 서비스, 고객만족이 우위에 있다. 품질이 우위에 있고, 겉으로 보여 지는 것보다 진정성과 내실이 중요하다. 건축인은 고유의 작업을 통해 인간의 삶의 형상을 형태(이미지)와 물리적 공간으로 구현해 낸다. 설계와 시공 과정을 통해 짓는 과정 전체를 효과적으로 조율해 비용과 품질 사이의 균형 잡힌 결과물을 만들어낸다.

건축인은 자기만의 경쟁력을 확보하여 좋은 건축을 실현시켜야 할 사회적 책무가 있다. 자기와의 약속, 건축주와의 약속, 건축 품질에 대한 약속을 100% 이행해야 한다.

집을 어떻게 짓는가는 중요한 문제이다. 왜 짓는가는 더 중요한 문제이다. 인간을 위한 집을 지어야지 돈만 벌기 위해서 지어서는 안 된다. 알랭 드 보통은 "공간이 그 안에 살고 있는 사람의 희망과 일치했을 때 우리는 그곳을 집이라 부른다."라고 했다. 건축인은 고객의 희망을 읽어 내어 하자 없는 좋은 건축, 약속을 지키는 건축을 해야 한다.

2014. 12.

박성봉

참고 문헌

임석재, 『교양으로 읽은 건축』, 인물과 사상사, 2008
임석재, 『건축, 우리의 자화상』, 인물과 사상사, 2005
승효상, 『오래 된 것은 아름답다』, 컬처그라퍼, 2012
승효상, 『지혜도시 지혜의 건축』, ㈜서울포럼, 2005
승효상 외, 『건축이란 무엇인가』, 열화당, 2005
양용기, 『건축물에는 건축이 없다』, 평단, 2006
유진 라스킨, 김윤범 역, 『건축으로 말하기』, 픽셀하우스, 2012
박정석, 『나를 닮은 집짓기』, ㈜시공사, 2013
박철수, 박인석, 『아파트와 바꾼 집』, 동녘, 2012
김덕영, 『건설현장에서 살아남는 윈-윈의 노하우』, 새로운 사람들, 2004
김덕영, 『건설 프로젝트 어떻게 완성하는가?』, 새로운 사람들, 2008
이희승, 『건축현장관리』, 기문당, 2002
김성근, 『골찌를 일등으로』, 자음과모음, 2009
김성홍, 『길모퉁이 건축』, 현암사, 2011
건축주 가족, 『우리 가족이 처음 지은 집』, 마티, 2012
알랭 드 보통, 정영목 역, 『행복의 건축』, 청미래, 2007
홍성태, 『사회로 읽는 건축』, 진인진, 2012
차동엽, 『희망의 귀환』, 위즈앤비즈, 2013
진윤구, 『건축도 경영이다』, 이학사, 2008
홍종임, 『홍작가 만난 열 명의 CEO』, 하늘책, 2013
브랑코 미트로비치, 이충호 역, 『세상에 단 하나뿐인 건축을 위한 철학』, 컬처그라퍼, 2013
할 박스, 허지은 역, 『건축가처럼 생각하기』, 다른세상, 2012
조남호 외, 『집짓기 바이블』, 마티, 2012
조원용, 『건축, 생활 속에 스며 들다』, 씽크스마트, 2013

이현욱, 구본준, 『두남자의 집짓기』, 마티, 2011
김광만, 『건축시공 이야기』, 발언, 1999
장원호, 『건축가 세계에서 인생을 배우다』, spacetime, 2012
이승헌, 이종민, 『마흔에 살고 싶은 마당 있는 집』, 인사이트북스, 2013
고제순 외, 『나는 어떤 집에 살아야 행복할까?』, 철수와영희, 2012
주부의 친구 편집부, 『예산에 맞춘집』, 마티, 2012
유시민, 『어떻게 살 것인가』, 아포리아, 2013
법륜, 『엄마수업』, 휴, 2010
폴 골드버거, 윤길순 역, 『건축은 왜 중요한가』, 미메시스, 2011
이재인, 『디자인 창의성을 위한 건축조직』, 한국학술정보(주), 2009
구본준, 『마음을 품은 집』, 서해문집, 2013
안철수, 『안철수의 생각』, 김영사, 2012
서윤영, 『건축, 권력과 욕망을 말하다』, 궁리, 2009
김인철, 『공간열기』, 동녘, 2011
소행주, 박종숙, 『우리는 다른 집에 산다』, 현암사, 2013
서울포럼, 『건축 사이로 넘나들다』, 서울포럼, 2005
쿠마 켄코(隈研吾), 임태희 역, 『약한건축』, designhouse, 2013
이상헌, 『대한민국에 건축은 없다』, 효형출판, 2013
노은주, 임형남, 『사람을 살리는 집』, 예담, 2013
진봉일, 『미친 생각에 미쳐라』, 한언, 2013
명진규, 『청년 이건희』, 팬덤 북스, 2013
민병두 외, 『을을 위한 행진곡』, ㈜메디치미디어, 2013
로라 S. 더스키스, 박유안 역, 『건축가, 건축을 말하다』, 토트, 2013
무네쓰구 토쿠지(宗次德二), 『진심』, M&K, 2013
시오노 나나미(鹽野七生), 이현진 역, 『남자들에게』, 한길사, 2002.11

프랜시스 후쿠야마, 구승희 역, 『트러스트(신뢰)』, 한국경제신문사, 2002.11
윤종환, 『세상에서 가장 아름다운 실천 약속』, 지식노마드, 2008.2
심산, 『엄홍길의 약속』, 이레, 2005.8
김예상, 한미파슨스, 『미국 건설산업 왜 강한가?』, 보성각, 2003.7
김한수, 한미파슨스, 『영국 건설산업의 혁신전략과 성공사례』, 보성각, 2003.7
남진권, 『건설공사 클레임과 분쟁실무』, 기문당, 2003.4
김석철, 『멋진 집을 짓고 싶다』, 랜덤하우스중앙, 2006.5
매튜 프레더릭(Matthew frederick), 장택수 역, 『건축학교에서 배운 101가지』, 동녘, 2008.3
더그 팻, 김현우 역, 『나는 건축이 좋아지기 시작했다』, 라이팅하우스, 2012
함성호, 『당신을 위해 지은 집』, 마음의 숲, 2001.11
대전도시·건축연구재단, 『건축과 함께 한 나의 삶』, 발언, 1996
김인호, 『건설경영마인드』, 기문당, 1998
김인호, 『건설경영과 의사결정 전략』, 기문당, 2008
남진권, 『건설경영 이렇게 하라』, 도서출판 금호, 2009
톰 플레이트, 이은진 역, 『반기문과의 대화』, ㈜알에이치코리아, 2013.8
이외수, 『마음에서 마음으로』, 김영사, 2013.10
건축과환경 9704, 건축과환경 9804, 건축과환경 0111
글로벌 성공시대, 안데스 여걸 하나로 건설 이삼하 회장, KBS1 TV, 2013.9.28.
서현, 『빨간도시』, 효형출판, 2014
김진애, 『왜 공부하는가』, 다산북스, 2014

안도 다다오, 『나, 건축가 안도 다다오』, 안그라픽스, 2009
이경훈, 『못된 건축』, 푸른숲, 2014
롤프 슐렝커 외, 정지인 역, 『초보자를 위한 건축수업』, 예경, 2014
「신동아 통권 583호」, 2008.4
「동아일보」, 2013.7.23, 2013.12.26
「세계일보」, 2013.9.26, 2013.10.11
「건설경제신문」, 2013.6.30
「문화일보」, 2013.10.4
「조선일보」, 2012.10.27, 2013.6.11, 2014.02.25
「경향신문」, 2013.12.20, 2014.3.27, 2014.5.14
「연합뉴스」, 2012.10.22
「한국경제신문」, 2014.3.17

행복한 건축인의 약속

초판 1쇄 2015년 3월 20일

지 은 이　김강섭 · 박성봉
발 행 인　김기현
발 행 처　시공문화사
등　　록　1993년 3월 12일
주　　소　서울시 서대문구 독립문 공원길 13 (현저동 200) 극동프라자 5층
전　　화　02) 3147-1212, 2323
전　　송　02) 3147-2626

http://www.spacetime.co.kr
spacetime@korea.com

편　　집　디자인·현 심현일 / 02) 322-9941
인　　쇄　예림인쇄
제　　본　(주)서정바인텍
용　　지　(주)대림지업사

*파본은 교환해 드립니다.

ISBN 978-89-5592-318-6

정가 15,000원